L'UNION FAIT LA FORCE
BIBLIOTHÈQUE
RURALE
INSTITUÉE PAR LE GOUVERNEMENT.
DE LA CULTURE
DES
PLANTES OLÉAGINEUSES.
BRUXELLES.
1852
STAPLEAUX
éditeur.

2me SÉRIE, N° 1er.

BIBLIOTHÈQUE RURALE

INSTITUÉE

PAR LE GOUVERNEMENT.

DE LA CULTURE

DES

PLANTES OLÉAGINEUSES.

DE LA CULTURE

DES

PLANTES OLÉAGINEUSES

PAR

MAX. LE DOCTE,

Ancien cultivateur, auteur de divers ouvrages d'agriculture, etc.

Bruxelles.

G. STAPLEAUX, IMPRIMEUR-ÉDITEUR,

RUE DE LA MONTAGNE, N° 51.

1852

AVANT-PROPOS.

Quoique le titre sous lequel ce petit ouvrage est offert au lecteur semble indiquer suffisamment le but que l'on s'est proposé d'atteindre en le publiant, l'auteur croit néanmoins devoir faire remarquer qu'il s'est principalement attaché à décrire d'une manière simple, claire et concise les meilleures méthodes à suivre pour se livrer avec fruit à la culture des plantes oléagineuses dont la propagation mérite d'être recommandée.

Depuis quelque temps, des améliorations d'une haute importance ont été introduites dans cette branche essentielle de la production et l'ont fait monter d'un degré à l'échelle des perfectionnements. Des procédés nouveaux, s'exécutant à l'aide de machines simples, peu dispendieuses et récemment inventées, des pratiques encore inconnues tant en Belgique que dans les pays voisins, mais dont l'efficacité a été constatée par une expérience de plusieurs années, sont venus, en effet, modifier radicalement et d'une façon on ne peut plus avantageuse quelques-uns des principes et des usages sur lesquels se sont fondés jusqu'ici la plupart des agriculteurs. Ces procédés et ces pratiques, nous les avons fait connaître en détail, afin d'en permettre l'application à tous ceux qui savent résister aux frayeurs que causent généralement les idées de progrès placées en dehors des coutumes et des habitudes locales. C'est en vue des mêmes résultats qu'ont été donnés et la description et le dessin des instruments qui sont appelés à rénover les systèmes actuellement en vigueur, appareils précieux sans lesquels on ne peut penser à réaliser les grandes et nombreuses innovations spécifiées dans ce traité.

Nous avons jugé opportun de présenter ces observations préliminaires avant d'entrer en matière, non pas seulement dans l'unique pensée d'indiquer l'objet de notre travail, mais aussi avec le ferme désir d'en faire connaître préalablement le contenu : si elles reçoivent l'interprétation que nous avons voûlu leur donner, il n'est pas douteux qu'elles ne réagissent favorablement sur l'esprit des personnes qui seront amenées à consulter cet ouvrage.

DE LA CULTURE

DES

PLANTES OLÉAGINEUSES.

CHAPITRE PREMIER.

CONSIDÉRATIONS GÉNÉRALES SUR LA CULTURE DES PLANTES OLÉAGINEUSES.

La culture des plantes oléagineuses, déjà ancienne en Belgique, a pris depuis quelques années une extension considérable dans presque toutes les contrées où le sol et le climat se prêtent à ce genre de production. C'est en Flandre, dans la province de Brabant et dans la province de Hainaut, que cette culture a commencé à acquérir de l'importance en fixant l'attention des cultivateurs les plus éclairés; elle s'est ensuite étendue peu à peu à d'autres régions et a fini par se généraliser dans tout le pays, où elle est aujourd'hui pratiquée d'une manière constante et tout à la fois régulière.

Cependant, malgré cette progression continue, malgré les nombreux avantages auxquels a toujours donné lieu jusqu'ici la production des plantes oléagineuses, elle est loin encore d'être arrivée au terme de son développement. Déjà, la réduction du prix des céréales lui a fait accorder une plus large place dans les assolements, à l'exclusion de végétaux moins productifs, et s'il faut en croire les apparences, il est à présumer qu'on ne s'arrêtera pas de sitôt dans la voie nouvelle que se sont frayée les promoteurs de la substitution.

Cette faveur toute particulière accordée à une denrée que l'on a toujours placée au nombre des plus épuisantes pour le sol sur lequel elle croît, paraît d'abord anormale en ce sens qu'elle implique l'idée d'une production sinon maladroite, du moins peu rassurante pour l'avenir. Cependant quand on réfléchit bien aux causes du revirement qui s'est opéré dans les systèmes de rotation, on s'explique assez aisément le mode d'après lequel opèrent actuellement les hommes expérimentés.

Personne n'ignore, en effet, qu'il existe en matière d'agriculture, comme en matière d'industrie ou de commerce, un principe fondamental dont on ne peut s'écarter sans enfreindre les lois sur lesquelles repose la vraie prospérité. Ce principe consiste à tirer du sol la plus grande quantité de produits aux moindres frais possibles, ou, en d'autres termes, à accroître le profit sans augmenter la dépense. Or, les conditions à observer pour résoudre ce problème ne sont nullement difficiles à remplir. Il suffit de suivre d'abord avec exactitude le mouvement commercial du pays, afin d'être fixé sur les fluctuations que subissent telles ou telles denrées comparativement à telles ou telles autres. Il faut ensuite consulter le chiffre des importations et des exportations, de manière à s'assurer si, avec une production moyenne ou même un peu augmentée par les circonstances, on n'est pas exposé à voir l'offre dépasser la demande. Voilà les principaux éléments d'une culture rationnelle, intelligente et progressive. C'est, au reste, ce que paraissent avoir admis beaucoup d'agriculteurs, car, en modifiant leurs méthodes sans raison apparente, ils ont prouvé qu'ils agissaient uniquement d'après les exigences de la situation.

Un point qui fait naître des réflexions assez pénibles, c'est que les masses ne soient pas parvenues encore à s'initier à des principes économiques à la fois si simples et si élémentaires. On ne comprend pas, en vérité, un système qui consiste à maintenir l'usage des plantes qui rapportent le moins à l'exclusion de celles qui rapportent le plus, alors surtout que l'expérience fournit chaque jour des enseignements très-précis à cet égard. Reconnaît-on là cet esprit d'observation qui donne une si grande supériorité à l'industrie manufacturière? Est-ce logique, et n'y a-t-il plus d'améliorations à apporter dans cette partie de l'art agricole? Chacune de ces questions aura son examen spécial à son temps et à son heure.

Pour ne pas intervertir l'ordre dans lequel doivent être rangées les remarques préliminaires, il nous faut faire observer que si la culture des plantes oléagineuses est restée circonscrite en deçà des limites qui lui étaient assignées par la haute valeur des produits de cette catégorie, cela doit être attribué à deux causes qu'il est utile de discuter : à l'appréhension d'une concurrence exagérée, *d'abord;* à la crainte qu'éprouvent les cultivateurs de détruire la fertilité de leurs terres, *ensuite.* Mais à ces objections il y a des réponses catégoriques, péremptoires.

Si un grand nombre de cultivateurs s'adonnent à la production des plantes oléagineuses, dit-on, les avantages résultant de cette production ne peuvent manquer de devenir nuls dans un avenir très-prochain; peut-être même, et les probabilités sont pour cette version, le bénéfice se traduisant en perte, l'entrepreneur ne trouvera-t-il que du déficit là où il comptait sur un gain assuré. Appliqué aux céréales, telles que froment, seigle, avoine, etc., toutes denrées dont regorgent d'habitude la plupart des exploitations rurales, cet argument peut avoir une certaine valeur; mais conçu à l'égard de produits qui font généralement défaut sur nos marchés, tels que colza, navette, cameline, pavots, etc., il manque tout à fait de fondement.

Des documents officiels basés sur des renseignements exacts nous indiquent, en effet, que la production, en Belgique, de toutes les plantes oléagineuses réunies ne dépasse guère la moitié de ce qui est nécessaire à la consommation moyenne et annuelle du pays. Ainsi, d'après l'introduction à la *Statistique agricole*, les quantités produites chaque année dans le royaume entier s'élèvent seulement à 670 mille hectolitres de graines (1), pouvant se transformer en 144 mille hectolitres d'huile et en 31 millions 500 mille kilogrammes de tourteaux. Ces chiffres se décomposent de la manière suivante :

	Graine.	Huile.	Tourteaux.
Colza, navette, cameline, etc. . . .	517,000 hect.	114,000 hect.	25,800,000 kil.
Chanvre.	16,000 »	2,000 »	700,000 »
Lin.	137,000 »	29,000 »	6,900,000 »
Valeur vénale. . .	15,300,000 fr.	11,600,000 fr.	4,700,000 fr.

Or, quelle est la consommation intérieure? Il suffit, pour en connaître l'importance, de consulter les relevés de notre commerce extérieur, qui constatent une importation annuelle de 600 mille hectolitres de graines oléagineuses de toutes espèces, outre 4 mille

(1) Les fractions sont négligées.

hectolitres d'huile et 9 millions 100 mille kilogrammes de tourteaux, tandis que l'exportation est simplement portée à 28 mille hectolitres de graines, 30 mille hectolitres d'huile et 2 millions 600 mille kilogrammes de tourteaux. Si l'on résume ces nombres on trouve :

	Graine.	Huile.	Tourteaux.
Pour la production indigène. . . .	670,000 »	145,000 »	31,500,000 »
Pour l'excédant de l'importation sur l'exportation. .	576,000 »	81,000 »	34,200,000 kil.
Ce qui fait en tout. .	1,246,000 hect.	226,000 hect.	65,700,000 kil.

Ces chiffres représentant la consommation annuelle, il faudrait donc que notre production doublât à peu près pour qu'elle pût satisfaire à tous les besoins. Il est douteux qu'elle atteigne jamais cette proportion, mais l'exposé qui précède n'en établit pas moins qu'il reste beaucoup de chemin à faire avant qu'on ne soit exposé à subir, comme semblent le craindre quelques esprits timides, les conséquences fâcheuses d'une production surabondante.

La seconde raison sur laquelle les cultivateurs appuient leur réserve consiste, comme nous l'avons dit, dans la crainte d'épuiser trop fortement la terre.

Que les plantes oléagineuses détériorent le sol à un haut degré, cela est incontestable; mais n'en est-il pas de même du froment, du seigle, de l'orge et de l'avoine? Ces céréales n'exigent-elles pas aussi une proportion de fumier considérable? Pourraient-elles croître en l'absence de ce précieux élément de fécondité? Non; il faut des matières fertilisantes d'un côté comme de l'autre, et si le colza en absorbe un peu plus que le froment, il a, par contre, le mérite de disposer le sol à recevoir un ensemencement de grains d'hiver, tandis que les champs qui ont produit des céréales ne peuvent plus convenir qu'aux marsages, toujours moins avantageux au point de vue pécuniaire.

Il existe d'ailleurs un moyen fort simple de réparer la perte d'engrais qu'on éprouve en consacrant à la production des plantes oléagineuses de grandes étendues de terrain ; il ne s'agit que d'apporter de légères modifications aux assolements, en réduisant la culture de l'avoine pour y substituer celle des racines. Ces plantes, qui puisent une grande partie de leur nourriture dans l'atmosphère, rétabliraient immédiatement l'équilibre sans causer le moindre préjudice à l'entreprise, car il est très-bien établi à présent qu'on peut donner aux betteraves et aux carottes, en les faisant consommer dans la ferme, une valeur au moins égale, sinon supérieure à celle de l'avoine ou du seigle.

Mais en admettant même qu'un concours de circonstances exceptionnelles empêche ces diverses combinaisons de se réaliser, est-ce à dire qu'on doive abandonner l'idée d'introduire les plantes oléagineuses dans la rotation par la crainte d'un épuisement trop rapide? Loin de là : si ces végétaux détériorent le milieu où ils croissent, en revanche, on peut très-facilement lui restituer, par leurs propres débris, les principes qu'ils en ont enlevés. Discutons rapidement encore cette nouvelle et importante proposition.

Il est clairement établi que, lorsqu'on enlève une récolte du sol, on prélève sur sa richesse la plupart des substances fécondantes qui ont servi à former la végétation. Si, au contraire, on restitue en entier cette récolte à la terre, non-seulement on lui rend les sucs vitaux qu'elle a perdus, mais on produit encore, au profit de la couche arable, un certain capital d'électricité et de calorique ; on provoque enfin l'absorption de l'azote de l'air, et l'on retient les matières salines et azotées qui disparaissent peu à peu par l'action des pluies et de la chaleur solaire. Ces dernières substances, solubles lorsqu'elles sont entrées dans les plantes pour faire partie de leur séve, sont rendues au sol sous une forme organique plus stable, de sorte que les êtres que l'on veut créer ont ainsi toutes les chances de trouver les aliments qui leur sont propres à mesure qu'ils en ont besoin. On peut donc affirmer qu'un terrain, recevant sous une forme d'assimilation convenable la totalité de la récolte qu'il a nourrie, se trouve plus riche, plus engraissé, plus propre, en un mot, à produire des céréales qu'au moment où l'ensemencement de la plante qui a servi d'engrais s'est effectué.

Maintenant, si au lieu d'emporter constamment les matières fécondantes d'une exploitation, comme on le fait par la méthode actuelle, on les lui restituait toujours exactement, ne parviendrait-on pas à faire acquérir au sol une fertilité extraordinaire en très-peu d'années ? Ce fait nous paraît hors de doute, car tandis que certaines plantes ne vivent qu'en épuisant la terre, tandis qu'avec la graine des céréales et des légumineuses, avec la tige des plantes textiles, la substance des plantes tinctoriales, on exporte positivement des engrais qu'il faut remplacer par des importations égales, sous peine de voir la terre se détériorer, avec les plantes oléagineuses dont on se réserve les tourteaux, on retient tout l'engrais azoté et on ne vend que les parties secondaires de cet engrais : l'hydrogène, le carbone, les matières fixes qui, puisées dans le sol ou enlevées à l'atmosphère, peuvent être remplacées à peu de frais.

Si l'on ajoute encore que les produits oléagineux,

étant l'objet d'une consommation générale, ont un prix courant et peuvent être vendus partout, immédiatement après avoir été récoltés ; qu'ainsi les résultats de la culture sont réalisés sans embarras et sans nouvelle transformation, on jugera de la haute importance de ces cultures, et on ne s'étonnera pas si nous cherchons à leur faire prendre tout le développement que leur permettent les débouchés. Les fourrages légumineux ne peuvent entrer en balance avec les plantes oléagineuses que dans la pensée des agriculteurs pourvus de capitaux suffisants, car leur réalisation demande des avances considérables et fait courir des chances qui ne se présentent pas nettement à l'esprit, tandis que le résultat définitif de la culture des plantes huileuses se présente si facilement et avec tant de netteté sous la forme de numéraire, qu'elle ne laisse aucune prise à l'incertitude et doit séduire les esprits les plus grossiers comme les esprits les plus subtils.

Les répugnances qu'inspirent à la généralité des praticiens les modifications à apporter aux assolements en usage, et la crainte qu'ils éprouvent de ne pas retirer de l'exploitation suffisamment de paille pour liter leur bétail et former leur engrais de bassecour, contribue également pour une large part, notamment dans quelques provinces, à arrêter le développement de la culture des plantes oléifères. Les coutumes locales, en effet, sont souvent consultées en dernier ressort lorsqu'il s'agit d'introduire une innovation quelconque, et comme on incline d'habitude vers le positif aux dépens de l'inconnu, il en résulte que toute tentative de perfectionnement vient échouer contre la puissance de la routine. Nous n'avons pas besoin de dire combien est funeste à l'agriculture, combien est regrettable au point de vue des vrais intérêts du pays, une semblable disposition d'esprit : il suffit, pour en saisir la portée, de méditer les conséquences auxquelles elle mène.

Si la culture des plantes oléagineuses offre des avantages réellement incontestables, ce n'est pourtant qu'à la condition d'être faite avec soin, intelligence et selon les principes d'une bonne et saine pratique. Effritant et épuisant momentanément le sol dans lequel s'opère leur croissance, ces végétaux ne réclament pas seulement l'intervention d'engrais azotés, mais ils veulent, en outre, être associés à des cultures qui fournissent du terreau, et à d'autres qui détruisent les plantes parasites. Leur production, en un mot, pour devenir fructueuse, doit toujours être subordonnée à certaines règles dont on ne peut s'écarter impunément. Ces règles, nous nous attacherons à les exposer d'une manière simple, lucide et méthodique tout à la fois dans les chapitres consacrés au *colza*, à la *navette*, à la *cameline*, au *pavot*, c'est-à-dire aux seules plantes que l'expérience a indiquées comme profitables à l'agriculture.

CHAPITRE II.

DU COLZA D'HIVER.

§ 1. — Terrain et engrais.

Le colza d'hiver mérite d'être placé en tête des plantes oléagineuses qui se cultivent en Belgique, non sans doute par la qualité de son huile, dont on ne se sert que pour l'éclairage, mais parce que c'est celle qui donne les plus grands produits et qui s'adapte le mieux aux usages de l'exploitation rurale.

Quoique le colza se plaise dans tous les terrains qui ne pèchent pas par un excès d'humidité, il exige cependant, en général, pour se développer d'une manière avantageuse sous le rapport de la multiplication et de la beauté de ses semences, un terrain frais et profond, peu compacte, et surtout très-perméable aux bienfaisantes influences de l'air, de l'eau, de la chaleur et de la lumière. Lorsque le sol ne se trouve point naturellement en cet état, on ne doit rien négliger pour tâcher de l'y amener, principalement par de profonds labours donnés avant le semis ou la plantation.

On a cru longtemps que, pour assurer la réussite du colza, on devait pouvoir disposer de terres réunissant à une rigoureuse proportion d'argile une quantité donnée de sable; mais l'expérience a prouvé qu'il prospère dans les sols modérément tenaces, aussi bien que dans les terrains légers, pourvu toutefois qu'on les ait convenablement ameublis par des cultures préparatoires et que leur surface reste suffisamment assainie pendant tout le cours de la végétation. La preuve, d'ailleurs, que cette plante peut donner de riches produits en ces circonstances opposées, c'est qu'on les cultive avec autant de succès dans la province de Hainaut que dans les Flandres, et réciproquement, quoique, d'un côté, le sol y soit naturellement argileux, tandis que, de l'autre, il se distingue par des propriétés diamétralement contraires.

Par la nature de ces feuilles couvertes d'un vernis cireux, le colza emprunte fort peu à l'atmosphère, et doit être rangé, pour ce motif, parmi les végétaux épuisants. Il faut donc l'engraisser copieusement ou le faire succéder à une récolte qui été largement fumée, si l'on veut obtenir un rendement considérable. Cependant, il est toujours préférable de lui appliquer directement la fumure que de le faire venir en second ordre, car n'ayant pas, comme la plupart des céréales, l'inconvénient de verser, il devient un moyen excellent pour utiliser et payer avec usure des engrais abondants que le froment, le seigle ou l'orge ne peuvent supporter que dans des cas exceptionnels.

Les engrais les plus favorables à la croissance du colza sont ceux qui renferment le plus d'azote. Le fumier de mouton est par conséquent beaucoup supérieur à tous les autres pour cette plante, car les éléments que réclame cette dernière pour acquérir un grand développement s'y trouvent en plus grande quantité. La dose de fumier ordinaire à une récolte de colza varie entre celle que l'on emploie pour l'orge d'hiver et celle dont on dispose pour le froment. Tout cela dépend, d'ailleurs, de la qualité du sol et de la richesse des substances enfouies. Les engrais artificiels, tels que guano, tourteaux, suie, cendres, cofy, (1) etc., viennent aussi puissamment en aide à la végétation, et peuvent remplacer jusqu'à un certain point les engrais de basse-cour, dont ils sont de précieux auxiliaires. Ces agents se répandent en poudre à la volée, ou bien se déposent en mélange avec de l'urine de bestiaux au pied des plantes. Un troisième moyen plus expéditif et en même temps plus efficace, moyen entièrement nouveau que nous ne tarderons pas à exposer en détail, existe et peut devenir d'une immense utilité dans la pratique des semis à

(1) Le cofy est un engrais très-riche qu'on fabrique depuis peu dans la province de Hainaut, et particulièrement à Leuze.

demeure. Enfin, les cultivateurs des Flandres attachent encore un haut prix à une substance particulière qu'ils préparent avec beaucoup de dextérité et dont la réputation est presque universelle. Cette substance, généralement connue sous le nom d'*engrais flamand*, est un composé d'urine, de tourteaux, de suie, d'excréments humains et de colombine, qui exerce une action des plus bienfaisantes sur les récoltes, et dont l'emploi, très-recommandable d'ailleurs, se fait à volonté en hiver ou au printemps par une application directe au pied des plantes (1).

(1) Nous trouvons, à propos de la culture du colza, dans le *Manuel de Culture*, faisant partie de la collection de la *Bibliothèque rurale*, une note très-substantielle et qui nous paraît digne d'être reproduite. Voici comment elle est conçue :

« Le colza exige un terrain riche, et profite bien de la richesse du sol. Si l'on en croit des auteurs recommandables, il épuise peu la terre, et, en effet, le blé réussit parfaitement après lui. Le tourteau semble compenser l'épuisement du colza ; ainsi, si l'on suppose une récolte de 30 hectolitres de graine, qui donnera 1,000 kilogr. de tourteaux, cette quantité de résidu suffira pour engraisser le sol qui l'a produite. De plus, la production de la paille est considérable, et peut être placée au premier rang comme litière. On évalue à 100 kilogr. de paille la production pour chaque hectolitre de colza. Un autre fait important à noter, c'est que tout l'élément azoté, ainsi que toutes les parties minérales, se retrouvent en entier dans le tourteau et la paille, l'huile exportée étant composée presque entièrement de carbone et d'hydrogène. Ce serait à tort, par conséquent, que l'on rejetterait cette culture comme épuisante. Mais ce qu'il ne faut pas perdre de vue, c'est qu'il vaut mieux ne pas cultiver le colza, si on doit le placer dans une terre mal préparée, infestée de mauvaises herbes et peu riche en engrais, comme cela a lieu dans quelques localités de la Belgique, car alors sa réussite court beaucoup de chances. La culture du colza dans une exploitation a le grand avantage de répartir admirablement les travaux des ouvriers et des animaux, et par là d'économiser beaucoup sur les frais de production de toutes les autres denrées. C'est ainsi que si dans une ferme on consacre un sixième des terres à la culture du colza, c'est autant de moins d'emblavé en céréales, et comme les travaux qu'exige le colza tombent à d'autres époques que ceux qu'exige le froment, par exemple, les animaux qui sont inoccupés peuvent les exécuter, et le nombre naturellement en est diminué, puisqu'en automne et au printemps ils auront moins de travaux à effectuer. »

§ 2. — Place dans les assolements.

La grande facilité avec laquelle croît le colza, lorsqu'il est placé dans un terrain qui réunit les conditions prescrites au paragraphe précédent, donne au cultivateur la plus grande latitude pour le choix des terres où il doit semer cette plante. Il est donc impossible de lui assigner une place fixe dans les assolements, car avant de prendre une décision à cet égard, non-seulement il importe de consulter les circonstances locales, mais il faut voir encore si, dans certains cas donnés, il n'est pas plus avantageux de le faire succéder à telle ou telle récolte plutôt qu'à telle ou telle autre. Le colza réussit, en effet, après toutes espèces de plantes, et forme pour la plupart des céréales une préparation qui équivaut presque à la jachère. Ainsi, il succède fort bien au froment, au seigle et au trèfle, pourvu toutefois que l'on ait la précaution de nettoyer avec soin le terrain destiné au semis ou à la plantation. Il prospère également dans les défrichements de bois et de prés, dans les marais assainis et dans les sols couverts d'un gazon qui a servi de pâture. Quand on le sème sur un chaume, on peut enterrer celui-ci par un labour profond, mais il est préférable de le détacher seulement par un déchaumage de quelques centimètres, afin de détruire complétement les plantes parasites; on donne ensuite à la terre un labour profond après en avoir hersé la surface à différentes reprises, puis on y répand le fumier que l'on enterre par un labour de 5 à 6 pouces.

A l'avantage de pouvoir succéder à une foule de

végétaux cultivés avant lui, le colza joint encore celui de prédisposer favorablement la terre à la production des récoltes futures. Le froment, le seigle, l'avoine, et même le lin, peuvent suivre immédiatement cette oléagineuse dans le cours de la rotation sans qu'il en résulte le moindre inconvénient; on doit en dire autant de presque toutes les plantes fourragères, qui possèdent, comme on sait, le mérite de se montrer beaucoup plus accommodantes encore.

Sous tous les rapports donc, le colza est une précieuse ressource pour l'organisation d'un système de culture. Le seul point qu'il y ait à observer pour ne point se mettre en contradiction avec les enseignements de l'expérience, c'est d'éviter qu'il ne revienne trop souvent dans le même terrain; semblable en cela aux pois, au trèfle et à différents autres végétaux analogues, il donne un rendement d'autant plus considérable que le sol sur lequel il est placé est resté plus longtemps sans être livré au même genre de production.

§ 3. — Semis et transplantation.

On observe à l'égard du semis, dans la pratique ordinaire, deux modes distincts : le premier consiste à confier la semence à des planches bien préparées pour cet important objet, et à en retirer le plant lorsqu'il est suffisamment développé pour le transplanter en rayons, à des distances plus ou moins éloignées, et qui le sont plus communément d'environ 50 centimètres. Le second consiste à disséminer, le plus également possible, cette semence sur le champ même, à la volée, et quelquefois aussi, mais beaucoup plus rarement, en rayons équidistants, et à éclaircir les plants surnuméraires quelque temps après leur levée.

Le premier procédé laisse plus de temps pour préparer convenablement la terre destinée au développement et à la récolte du colza, objet très-important dans les assolements ; et, en facilitant les sarclages, houages et buttages nécessaires, il assure davantage le succès et l'abondance de cette récolte, mais il est long et coûteux.

Le second est plus expéditif, plus économique et plus applicable aux cultures étendues. Mais on lui a toujours reproché jusqu'ici d'être moins favorable aux opérations subséquentes et à la prospérité de la récolte. Aujourd'hui cependant on est parvenu, à l'aide d'un procédé aussi simple qu'ingénieux, à lever les difficultés que présentait l'application de cette méthode ; aussi est-elle destinée à acquérir bientôt une très-grande importance et une extension considérable. Notre intention étant de revenir plus loin sur cette utile innovation, nous allons nous occuper ici de la culture par transplantation.

Le colza que l'on destine à la transplantation doit être semé au commencement de juillet sur une terre parfaitement ameublie et richement fumée, afin que les jeunes plantes acquièrent le plus de force possible avant de sortir de la pépinière. Par la même raison il ne faut pas semer trop dru, afin d'éviter l'étiolement. La quantité de graine nécessaire pour un hectare est d'environ un kilogramme et demi ; encore est-il presque toujours nécessaire d'éclaircir lorsque les tiges sont parvenues à un certain développement. Un plant bien conditionné, lorsque sa base atteint la grosseur d'un fort tuyau de plume, ne doit pas avoir plus de huit à dix pouces de hauteur.

Souvent les pépinières sont dévorées par les insectes, notamment par les altises, qui font en certaines années le désespoir des cultivateurs. Ces petits animaux, généralement connus dans les campagnes sous le nom de *puces de terre*, quoique très-nuisibles aux plantes déjà grandes, en ce qu'ils détruisent une partie de leurs feuilles, de leurs fleurs et même de leurs graines, causent surtout un dommage considérable aux végétaux qui viennent de lever, parce qu'ils dévorent leurs feuilles séminales. Il n'est pas rare de voir des semis entiers anéantis de la sorte avant l'apparition de la troisième feuille. A mesure que la végétation prend plus de développement, le danger diminue; aussi pensons-nous que le meilleur moyen d'éviter les dégâts de l'altise est de tâcher de procurer aux plantes un développement rapide pendant leur première jeunesse. On a cependant proposé une foule de remèdes pour se garantir de cet ennemi implacable, mais la plupart sont insuffisants ou inapplicables à la grande culture. Les seuls procédés qui nous paraissent dignes d'être pris en sérieuse considération consistent, d'une part, dans l'application d'une certaine dose de guano répandue avant ou après la semaille, et, de l'autre, dans le pralinage de la graine avec la fleur de soufre au moment de la semaille. A l'aide de la première méthode, on tend à éliminer les pucerons par la forte odeur ou par l'action caustique de l'engrais, et si l'on ne réussit pas, la jeune plante en reçoit toujours une influence qui lui fait acquérir de la force et de la vigueur. Nous en dirons autant du second moyen, qui a été expérimenté avec succès chez plusieurs agriculteurs éclairés, et particulièrement dans l'exploitation de M. de Mathelin, de Messancy, où il semble n'avoir jamais produit que de très-heureux résultats.

Un praticien très-recommandable, M. Rieffel, a

indiqué dans ces derniers temps, pour prévenir les ravages de l'altise, un moyen qu'il donne comme très-efficace, et que nous croyons, pour ce motif, utile de reproduire. « Il faut se servir de cendres lessivées, dit cet agronome, comme moyen mécanique (peut-être bien plus encore à cause de leur saveur alcaline) pour protéger les jeunes plantes et résister à la troupe vorace des pucerons. Chaque matin, au point du jour, au moment où les cotylédons sont couverts de rosée, il faut saupoudrer toutes ces feuilles de ces cendres. Il ne s'agit pas seulement de les répandre à la volée; c'est à pas comptés que les feuilles doivent les recevoir, de manière que les cendres s'y attachent et couvrent exactement chacune d'elles. De cette manière, elles adhèrent assez fortement aux feuilles pour y demeurer un jour entier, quelquefois deux jours, et pendant tout ce temps il est entièrement impossible aux pucerons d'entamer la moindre parcelle des feuilles ainsi cuirassées. On les voit sauter de tous les côtés sans s'arrêter nulle part, et probablement dans le désespoir de la faim, dont je présume qu'ils doivent périr, car ils disparaissent entièrement en peu de temps. S'il survient de la pluie, le lavage des feuilles n'est pas à craindre; aussi longtemps qu'elle dure, les pucerons ne font aucun mal. »

Quand les plantes sont suffisamment développées, on attend un moment où le terrain de la pépinière est frais, ou on lui donne un fort arrosage pour que les racines se détachent bien de la terre sans se rompre. Ces plants doivent être enlevés du lieu du semis, non en les arrachant par le seul effort de la main, mais avec une bêche et en ménageant leurs organes avec tout le soin possible, puis transportés dans des paniers, à mesure des besoins, sur le champ où ils doivent être plantés.

Le terrain destiné à recevoir la plantation doit être préparé, comme pour l'ensemencement d'une céréale, par un labour profond, deux ou trois bons traits de herse, et un labour plus superficiel pour enterrer le fumier. Le mois de septembre et le commencement du mois d'octobre sont les époques pendant lesquelles il est le plus avantageux d'exécuter la transplantation du colza. On choisit un temps couvert, même un peu pluvieux, pour que les plants reprennent plus facilement. Cette opération peut être exécutée, suivant les circonstances, par trois méthodes différentes. La première se fait à la bêche, la seconde au moyen d'un plantoir et la troisième avec la charrue. Quand on plante à la bêche, un ouvrier fait un trou en plongeant le fer de cet instrument dans le sol jusqu'au manche, il comprime ensuite la terre en ramenant la bêche à lui, jusqu'à ce que ses aides aient introduit deux plants de colza dans l'ouverture, un à chaque coin, puis il retire son instrument et la terre retombe par son propre poids sur les racines de la plante : un coup de pied donné par-dessus termine l'opération. La transplantation au plantoir est tout aussi simple et marche peut-être avec plus de rapidité encore. Il suffit d'ouvrir des trous distants de 35 à 40 centimètres en tous sens, suivant la richesse du sol, et de comprimer la terre autour des racines après avoir placé dans chacun d'eux un pied de colza. Pour aller vite en besogne, il faut qu'une personne fasse les trous, et qu'une autre y introduise le plant et le remplisse sans trop presser la surface autour des racines, ce qui leur donnerait une position forcée et nuirait à la prolongation de leurs suçoirs; on doit seulement avoir soin, dans un cas comme dans l'autre, de planter plutôt profondément que superficiellement, car ce qu'on appelle la tige du colza n'est que le prolongement du collet de la racine, et ce prolongement, une fois enterré, étant susceptible de donner de nouvelles fibrilles, la plante est mieux nourrie. En novembre, si le temps le permet, on remplace les pieds de colza qui n'ont pas repris; sinon, on retarde cette opération jusqu'aux premiers jours du printemps; à cet effet, on garde toujours dans le semis un certain nombre de plants en disponibilité.

La transplantation à la charrue est, de toutes les méthodes connues, la plus expéditive et la plus économique. C'est aussi celle qu'on emploie généralement, pour ne pas dire exclusivement, partout où l'on cultive le colza sur une vaste échelle. Pour que ce mode soit pratiqué avec succès, il faut changer jusqu'à un certain point les dispositions des façons préparatoires que l'on donne au sol. Ainsi, au lieu d'enterrer le fumier par un labour superficiel de cinq à six pouces, cet engrais doit être autant que possible mélangé intimement avec la couche arable; on évite par là le rassemblement de la partie pailleuse vers l'extrémité antérieure du soc quand il s'agit de planter, et l'opération marche beaucoup plus régulièrement.

Le travail de la transplantation à la charrue est d'une simplicité vraiment attrayante. On place, de deux raies l'une, le plant de colza dans le sillon ouvert par l'instrument, en espaçant les pieds de 25 centimètres environ; les racines sont alors recouvertes par la tranchée du sillon suivant. Avec un peu d'adresse de la part des femmes qui placent ainsi les plants, ils se trouvent en terre à la profondeur nécessaire, c'est-à-dire jusqu'au collet. Cependant on rencontre toujours des pieds qui sont trop ou trop peu enterrés; on rectifie les défauts en faisant suivre la charrue par un ouvrier habile, lequel découvre les sujets enfouis, ramène de la terre autour de ceux qui n'en ont point assez, et relève ceux qui ont été renversés.

Cette méthode exige que le plant soit gros, qu'il ait déjà de fortes racines et que le terrain où s'exécute la plantation ait été préalablement bien préparé et hersé de manière qu'il n'y ait pas de mottes, qui couvriraient inégalement les racines. Il convient aussi que les deux chevaux attelés à la charrue soient en file et marchent l'un derrière l'autre sur la terre non labourée. Dans la pratique, cette précaution n'est pas toujours observée, mais on a tort de reculer devant les petits embarras qu'elle occasionne, car lorsque l'un des deux animaux passe dans la raie, il ne manque jamais de déranger plus ou moins les plantes qui s'y trouvent déposées.

Nous devons revenir maintenant sur les *semis à demeure*, dont il a déjà été traité incidemment au début de ce paragraphe. Ces semis, que nous avons annoncés comme étant soumis aujourd'hui à des procédés perfectionnés extrêmement avantageux, s'exécutent, comme on sait, sur le champ même où doit s'accomplir la croissance entière des plantes. Autrefois on se bornait pour ensemencer la terre à répandre la graine à la volée; aussitôt après l'enlèvement de la récolte qui avait précédé la récolte de colza, on donnait à la terre un labour auquel succédait un hersage; un second labour avait lieu immédiatement, puis on semait après avoir encore passé la herse; on couvrait ensuite par deux hersages légers, puis on roulait en long et en travers. Dès que ces diverses opérations étaient terminées, on tirait à la charrue des rayons espacés d'environ deux mètres les uns des autres, en ayant soin de les diriger vers la pente pour favoriser l'écoulement des eaux pluviales. La terre, ainsi divisée en planches, était laissée en cet état jusqu'à ce que la végétation eût acquis un certain développement ; on pratiquait alors un buttage en creusant un fossé à la place de chaque rayon, et en jetant les terres qui en provenaient à droite et à gauche entre les plantes.

Ce mode, quoique fort simple, n'a pu se soutenir à cause de son imperfection même. Outre que le développement des mauvaises herbes et des plantes adventices n'était combattu par aucun des moyens recommandés par l'expérience, la surface du sol présentait encore à la sortie de l'hiver une croûte dure, presque imperméable et peu propre à se laisser imprégner des agents atmosphériques. La végétation, ayant à lutter ainsi contre deux ennemis implacables, contre la dureté et la malpropreté de la terre, restait faible, languissante, et donnait rarement de quoi défrayer le cultivateur : c'est ce qui a fait adopter la pratique des semis en lignes à l'aide du *plantoir mécanique*, système nouveau dont nous allons entreprendre la description et qui paraît appelé à se répandre promptement dans le pays.

Pour bien faire comprendre les avantages que procure l'application de cet instrument ingénieux, il est nécessaire d'abord que nous indiquions ses principaux usages, son objet et son utilité; nous donnerons ensuite la description de la machine, puis nous exposerons en détail la manière de s'en servir.

a. Usages, objet et utilité. — Le plantoir mécanique a pour but d'effectuer la semaille de diverses espèces de graines, mais particulièrement des betteraves, des carottes, des navets, du colza, de la cameline et du tabac, en carré long ou en planches rectangulaires, de telle sorte que les jeunes plantes présentent, à leur sortie de terre, des allées régulières sur la longueur et sur la largeur du champ ensemencé. Il sert aussi à répandre sur le sol en même temps que la graine toute espèce d'engrais pulvérulents, tels que guano, cofy, zoofime, sur-phosphate de chaux, rapures de cornes, suie, cendres de bois ou de mer, etc. Ces dispositions, comme on le voit, exercent sur les récoltes une influence des plus salutaires et procurent aux cultivateurs une série d'avantages qui ne peut manquer d'éveiller leur attention.

1° Elles assurent d'abord la levée de la quantité voulue de plantes, car la semence étant déposée de distance en distance en bouquets de cinq, six ou sept graines, la terre reste toujours suffisamment garnie, même lorsque le temps est venu contrarier la germination. Mais cette germination est bien plus assurée par le semis au plantoir que par toute autre méthode. A l'aide de ce système, en effet, les graines sont toutes placées à la même profondeur, condition essentielle à laquelle on ne peut satisfaire d'une manière aussi parfaite quand on effectue la semaille à la main ou avec le semoir. Elles sont en outre placées dans un milieu empreint d'une humidité convenable, et cette circonstance a pour effet d'activer la germination et d'assurer la levée des plantes, notamment dans les terrains qui se dessèchent promptement après les labours. De plus, il est à remarquer que le plantoir donne la certitude que le dosage des graines, ne pouvant subir aucune influence extérieure, est toujours plus parfait et plus régulier qu'on ne le voit dans la plupart des cas. Avec le système des semis à la main, par exemple, on subordonne cette opération capitale, soit à la mauvaise volonté, soit à la plus ou moins grande intelligence de ceux qui l'exécutent. En se courbant constamment, les ouvriers et ouvrières se fatiguent d'ailleurs beaucoup et font des efforts pénibles pour accomplir leur tâche : le travail en est rendu peu méthodique et ne donne souvent que des résultats très-imparfaits. Par l'usage du plantoir, au contraire, la main-d'œuvre est à la fois simple et attrayante, les journaliers n'éprouvent aucun malaise, et ils ne peuvent répandre dans le sol ni plus ni moins de graines que la quantité déterminée par celui qui monte préalablement leur instrument.

2° Elles permettent de réduire d'un quart, d'un tiers ou de moitié, suivant les espèces, la quantité de graines employée à l'ensemencement d'une surface de terre donnée. On comprendra aisément comment se réalise cette économie si l'on réfléchit à ce fait que le semoir dépose la graine sur toute la longueur des lignes, tandis que le plantoir ne la dépose que de distance en distance.

3° Elles réduisent les frais occasionnés par l'éclaircissement définitif de la végétation. Les plantes superflues se présentent, comme on sait, en très-grande abondance et sur toute la ligne lorsque la graine est répandue avec le semoir; la semaille en rectangle, au contraire, donne des plantes qui croissent naturellement en place et qui se trouvent presque entièrement espacées sans l'intervention d'aucune main-d'œuvre supplémentaire : de là une nouvelle économie.

4° Elles permettent d'exécuter les sarclages, d'ameublir le sol et de butter les plantes d'une manière si parfaite que le travail à la main se trouve surpassé, non pas seulement en ce qui concerne la promptitude et l'économie de l'exécution, mais encore quant aux effets qu'il produit sur le rendement des récoltes. Les résultats remarquables que l'on obtient de la *houe multiple*, machine nouvellement inventée dont voici le plan, et qui se construit dans les

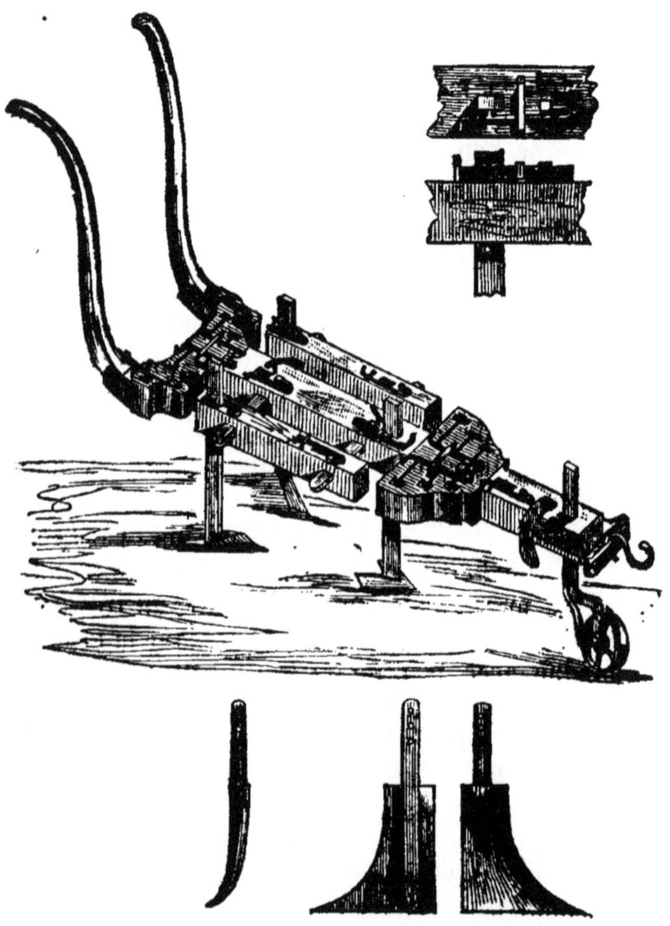

Planche 1.

ateliers de Haine-Saint-Pierre, nous dispensent d'entrer dans des détails à ce sujet. Mentionnons seulement que la culture en rectangle permet de faire fonctionner cette machine dans les deux sens, c'est-à-dire en long et en large du champ; que l'on peut ainsi sarcler et biner plus d'un hectare de terre par jour avec un cheval; et que tous les sarclages à la main ou les binages à la petite houe deviennent par le fait complétement inutiles.

5° Le plantoir mécanique a encore pour objet de procurer au sol les éléments qui lui manquent ou que le fumier de basse-cour renferme en trop petite quantité : nous voulons parler des agents actifs qui sont sans cesse enlevés de l'exploitation par les céréales, le bétail, etc., et que le guano, le cofy, la poudrette, les tourteaux et d'autres substances analogues recèlent en proportion considérable. Ces engrais étant, par un mécanisme ingénieux, déposés autour des graines, se trouvent dans les meilleures conditions pour produire leur maximum d'effet. Comme les substances pulvérulentes fortement azotées n'agissent guère que pendant une seule année, on comprend tout l'avantage qu'il peut y avoir à les mettre directement à la portée des racines. L'expérience a démontré que 120 kilogrammes de guano ainsi disséminés autour de la graine produisent autant d'effet que 280 à 300 kilogr. du même engrais semé à la volée. Il résulte de là qu'avec une dépense relativement faible, on parvient à faire acquérir aux plantes, dès leur plus tendre jeunesse, une vigueur et une force qui leur permettent de braver les rigueurs de l'hiver et de résister aux influences pernicieuses de l'atmosphère.

6° Enfin nous compléterons cet exposé par les données suivantes :

Le plantoir mécanique est d'une application aussi facile et aussi avantageuse dans la grande ou la moyenne culture, que dans les exploitations de faible étendue.

Il fonctionne dans toute espèce de terrain, dans les sols les plus sablonneux comme dans les terres les plus argileuses.

Les semis au plantoir sont moins expéditifs que ceux dont l'exécution se fait à l'aide des semoirs à cheval ou à brouette, mais ils s'effectuent plus promptement que les semis à la main. Avec dix personnes (hommes, femmes et enfants) et quatre plantoirs, on peut aisément ensemencer, graines et engrais compris, un hectare de terrain par jour : c'est une dépense supplémentaire d'environ 6 francs par hectare, mais une dépense qui est compensée par l'économie que ces instruments permettent de réaliser sur la graine.

b. Description. — Le plantoir mécanique se compose de deux appareils parfaitement distincts : l'un connu sous le nom d'*emporte-pièces,* l'autre généralement désigné par la dénomination de *double-tube.*

L'emporte-pièces (pl. 2), dont la figure I représente l'instrument avec les lames fermées, la figure II l'instrument vu de côté, la figure III l'instrument avec les lames ouvertes, et la figure IV le plan de la platine et des couteaux, est formé d'un support A sur lequel reposent deux tringles B, terminées chacune par une manotte en bois. Ces tringles, qui sont fixées au moyen des charnières C, où elles jouent quand on leur imprime un mouvement de va-et-vient, commandent les tiges D qui se divisent à leur extrémité inférieure en deux branches au bout desquelles se trouvent soudées deux lames semi-elliptiques E. Chacune de ces lames se rapproche ou s'éloigne du centre, selon le genre de pression que l'on exerce sur les manottes. Une platine en fer F maintenue au moyen de la tige G occupe l'espace réservé entre les lames et remonte, par l'effet de la pression exercée sur le sol, vers la partie inférieure du support dans lequel se trouve caché un ressort à boudin.

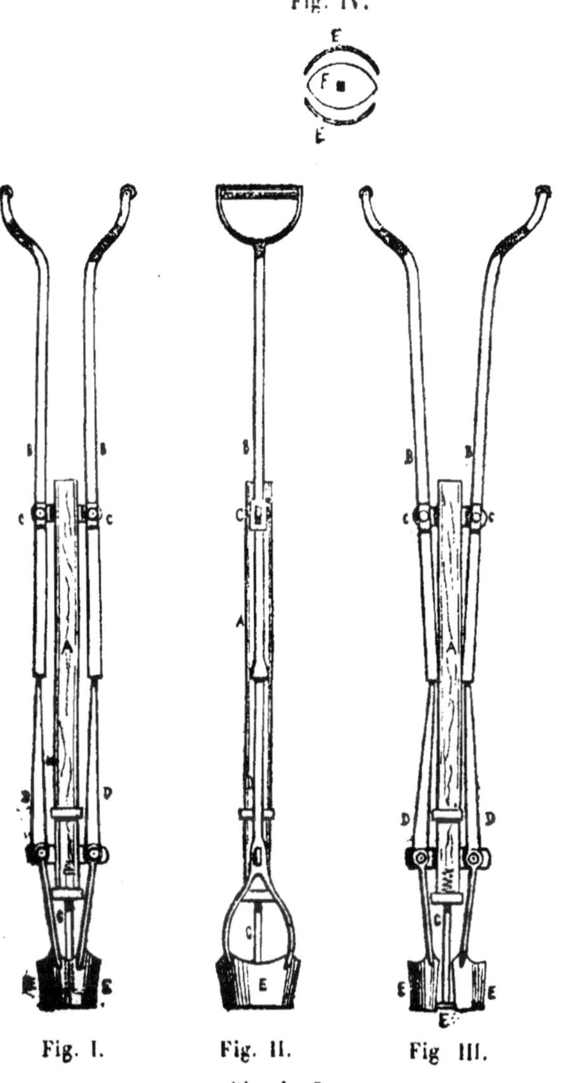

Planche 2.

Voici maintenant ce qui se passe quand on fait fonctionner l'emporte-pièces. En appuyant verticalement sur la machine, les deux lames E entrent en terre et la platine F remonte en proportion de la profondeur à laquelle celles-ci pénètrent. Lorsque ce premier mouvement est opéré, on rapproche les deux manottes l'une contre l'autre par une pression horizontale : les lames compriment ainsi la terre qu'elles embrassent, et celle-ci peut alors être soulevée sans difficulté par l'instrument, qui laisse pour résultat un trou parfaitement rond d'environ 30 centimètres de circonférence. Dès que la portion de terre qu'il s'agissait de déplacer est enlevée, on éloigne de nouveau les manottes l'une de l'autre pour faire reprendre aux lames leur position primitive, et la platine rejette spontanément de l'appareil la terre qui s'y trouvait pressée.

Le *double-tube*, que les figures ci-contre (pl. 3) représentent sous différentes faces, se compose de deux tubes en fer-blanc, en zinc ou en cuivre réunis par des soudures et surmontés d'entonnoirs. Le tube *a*, de 90 à 95 centimètres de long sur 6 centimètres de circonférence, sert à contenir la graine d'ensemencement. Le tube *b* de 75 centimètres de long sur 4 centimètres de circonférence, est destiné à recevoir les engrais pulvérulents que l'on veut répandre dans le sol. Une tringle en fer *c*, à l'extrémité de laquelle se trouve une manotte, est fixée sur les deux tubes au moyen d'un support à charnière *d*. Elle se divise à sa partie inférieure en deux branches *e* et *f*.

La première de ces branches communique à l'extrémité inférieure du tube *a*, où elle commande deux platines en acier *g* et *h*, qui traversent un petit cylindre, en fer, en zinc ou en cuivre. Ce cylindre est fixé aux tubes *a* et *i* par le moyen d'anneaux à vis de pression. Les platines dont il vient d'être parlé sont percées chacune d'un trou, et ces trous sont

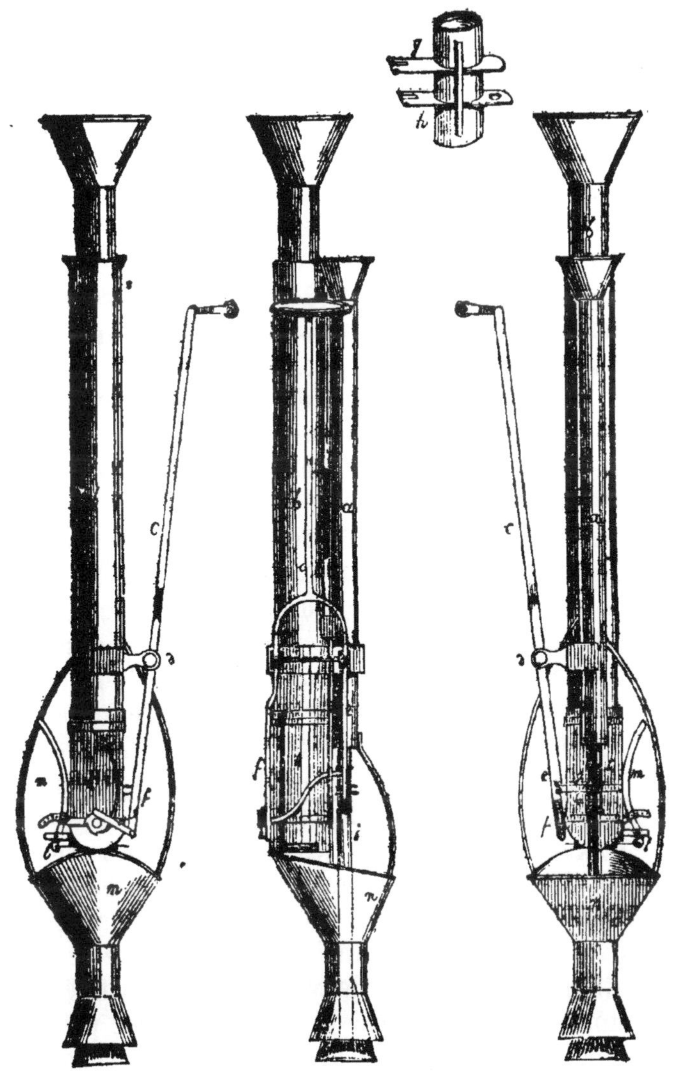

Planche 3.

disposés de telle sorte qu'ils ne peuvent jamais correspondre en même temps avec le centre du cylindre. Quand l'un des trous laisse entrer la graine, l'autre en est éloigné et la platine empêche sa sortie. Si la tringle donne un mouvement inverse et que la sortie de la semence ait lieu par l'ouverture pratiquée à la platine inférieure, on peut être certain que son passage dans le cylindre est intercepté au même instant par la platine supérieure. Le dosage de la semence est donc chaque fois compris dans l'espace qui sépare les deux platines entre elles, et l'on comprend combien cette disposition tend à le rendre uniforme, régulier. La graine une fois sortie du cylindre distributeur continue son parcours en passant par le tube *i* et va se déposer au milieu des trous creusés préalablement par l'emporte-pièces.

La branche *f* aboutit à la boîte *k*, qui reçoit l'engrais déposé dans le tube *b*. Cette boîte s'ouvre à l'un des côtés et se ferme à l'aide de quatre vis; elle est en outre traversée par un axe garni de quatre palerons. Cet axe est placé au-dessus d'un orifice de distribution que l'on peut agrandir ou diminuer à volonté par la glissière *l* que commande le levier *m*. C'est avec le concours de ces dernières que l'on parvient à déterminer et à régler le dosage des substances fertilisantes employées sous forme de complément au fumier de basse-cour.

L'axe auquel sont fixés les palerons repose sur les parois de la boîte et traverse l'un des côtés pour aller s'engorger dans une roue à quatre divisions qui se trouve reliée avec la branche *f*. Il en résulte que, par le simple mouvement de va-et-vient imprimé à la manotte, la roue tourne et fait tourner les palerons qui agitent sans cesse les substances fécondantes descendues dans la boîte et les forcent à tomber par l'orifice. L'engrais est ensuite reçu par l'entonnoir *n* et va se déposer tout autour du trou formé par l'emporte-pièces, à deux centimètres environ des graines que l'autre tube y a transportées.

Ainsi, par le seul mouvement de la tringle, c'est-à-dire en pressant la manotte contre les tubes et en la retirant à soi, l'appareil répand la graine et l'engrais dans la proportion que l'on désire obtenir pour le succès et la bonne réussite des semis.

c. Manière d'employer le plantoir mécanique. — Lorsque le sol a reçu les labours et les hersages qui lui sont nécessaires avant d'être ensemencé, c'est-à-dire quand il est suffisamment ameubli et bien pulvérisé, on fait passer le rouleau afin de rendre la surface aussi plane que possible. On rayonne ensuite le champ dans un sens, en ayant soin de tracer d'abord les lignes les plus étroites. Le terrain est alors disposé de la manière suivante :

Planche 4.

Dès que cette première opération est terminée, on en pratique une seconde tout à fait semblable, mais en dirigeant les rayons dans un sens diamétralement opposé. La surface présente ainsi une série de planches rectangulaires ou de carrés longs dont l'étendue se règle suivant l'espace que réclament les différentes espèces de plantes pour prospérer. La planche ci-dessous représente un champ entièrement sillonné et prêt à recevoir l'application du plantoir mécanique.

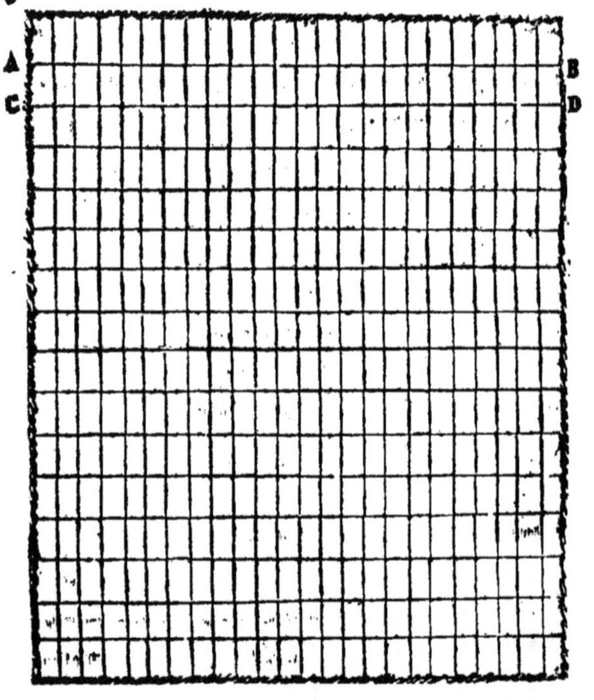

Planche 5.

Dans la grande et la moyenne culture, on sillonne généralement le terrain au moyen d'un rayonneur (1)

(1) Nous croyons utile de faire remarquer que l'on trouvera le plan et la description d'un rayonneur parfaitement conditionné dans un

à cheval spécialement construit pour cet usage. Là où les fermes sont de faible importance, on peut remplacer cet instrument par un petit rayonneur à main ou par un long râteau à dents mobiles, comme on s'en sert dans la province de Hainaut.

Voici maintenant comment il faut s'y prendre pour effectuer le semis. A chaque point d'intersection, c'est-à-dire à la place où les lignes se rencontrent, l'ouvrier qui manie l'emporte-pièces creuse un trou d'une profondeur proportionnée aux exigences de la graine à enfouir. Il commence à l'un des côtés de la pièce et finit à l'autre, en allant, par exemple, de A en B, comme l'indique la planche précédente. La première ligne terminée, on passe à la seconde ligne C, D, et ainsi de suite jusqu'à ce que toute la parcelle de terre soit plantée.

Quand l'ouvrier est occupé à creuser les trous du premier rayon, il peut jeter indifféremment de part ou d'autre la terre qui en provient; mais dès qu'il est arrivé au second rayon, il doit conserver précieusement dans son appareil la terre qu'il a enlevée des nouveaux trous, afin de pouvoir remplir ceux du rayon précédent. Ainsi, la terre provenant des trous creusés sur la ligne C, D, servira à remplir ceux qui auront été formés auparavant dans la ligne A, B. Voilà pour l'emporte-pièces; passons à présent au double-tube.

Le maniement de cet appareil est des plus faciles à saisir : l'ouvrier qui a mission de le faire fonctionner saisit de la main gauche le plus grand des deux tubes et embrasse de la main droite la manotte qui surmonte la tringle (voir la pl. 6, p. 36). Il pose ensuite la partie inférieure de l'instrument dans le premier trou creusé par l'emporte-pièces, puis il

ouvrage qui sera publié sous peu dans la *Bibliothèque rurale*, sous le titre de « *Culture des plantes-racines.* »

imprime à la manotte un mouvement de va-et-vient horizontal qui fait tomber, comme il a été expliqué plus haut, la graine et l'engrais à la place qui leur sont destinés. Aussitôt le premier trou garni, il passe au second, puis au troisième et ainsi de suite jusqu'au bout de la ligne. La vignette suivante, que nous avons cru utile de joindre à ces détails, afin de rendre nos explications plus compréhensibles encore, représente un champ complétement sillonné

Planche 6.

dans les deux sens. Une partie du terrain est déjà plantée, et la première ligne *a a* simule la végétation en pleine croissance. Les ouvriers qui figurent dans le dessin sont en train de planter. L'un ferme les trous de la ligne *cc* et recouvre, avec la terre qui en provient, les graines déposées quelques instants auparavant dans les trous de la ligne *bb;* l'autre dépose l'engrais et la graine avec son double-tube, en suivant celui-ci à une certaine distance.

Supposons maintenant que ces deux ouvriers soient arrivés au bout du champ; on croira peut-être qu'ils vont entreprendre la plantation d'une nouvelle ligne en commençant du côté où ils se trouvent : erreur! Ils reviendront à leur point de départ en suivant la ligne *bb* et presseront dans leur parcours la terre dont les semences se trouvent recouvertes : le premier se réglera de manière à poser les pieds sur les anciens trous *d*, le second marchera sur ceux qui figurent en *e*. Cette pression, outre qu'elle est supérieure à celle du rouleau, se fait encore avec une régularité remarquable, et exerce une influence des plus heureuses sur la germination.

Un mot encore, avant de finir, sur les précautions à prendre dans la pratique des semis au plantoir.

Les trous formés avec l'emporte-pièces doivent être très-superficiels pour toutes les graines fines telles que colza, navette, cameline, carottes, tabac, etc.; on ne doit dans aucun cas dépasser un centimètre de profondeur.

Les graines doivent subir un nettoyage parfait avant d'être introduites dans le tube; si l'on sème des carottes, il importe que la semence en soit bien frottée.

Les engrais demandent à passer sur un tamis à mailles fines avant d'être jetés dans le récipient de distribution. Les substances très-humides ne conviennent point pour cette destination et doivent être affectées à un autre usage.

Il est essentiel d'enduire quelques fois de suif ou de toute autre matière analogue les parties frottantes de l'instrument.

Enfin lorsqu'on emploie plusieurs plantoirs à la fois sur le même champ, la présence d'un aide est nécessaire pour fournir aux porteurs de tubes des engrais et des graines quand il leur en manque.

Tels sont les faits relatifs au rôle et à l'usage du plantoir mécanique. Sans doute l'application de cet instrument ne peut pas toujours être substituée, dans la culture du *colza d'hiver*, au système de la transplantation, mais comme le nouveau procédé accélère la végétation dans une mesure considérable, les semis peuvent être retardés de quinze jours sans inconvénient, et il est alors facile de cultiver cette oléagineuse en place sans le secours d'aucune pépinière en la faisant succéder aux diverses plantes qui se récoltent de bonne heure et même au seigle, à l'escourgeon et aux autres céréales hâtives.

§ 4. — Culture pendant la végétation.

Plus souvent la terre est remuée, ameublie et nettoyée autour d'une plante en croissance jusqu'à l'époque de sa floraison, plus aussi la végétation de cette plante acquiert d'activité. Dans toutes les cultures en plein champ on ne doit donc s'arrêter sur ce point que quand les frais excèdent le bénéfice qui en résulte, et on doit ordinairement préférer l'emploi des instruments aratoires aux opérations manuelles, afin de diminuer le temps, la difficulté et la dépense. Malheureusement l'usage des machines qui exigent la force d'une bête de trait ne peut guère se répandre aussi longtemps qu'on n'aura pas adopté le mode de semis ou de plantation en lignes, le seul qui permette le passage des houes à cheval.

Par la transplantation à la charrue, il n'en est pas tout à fait de même. Ici, du moins, on a la faculté, quand le terrain a été préalablement disposé en planches, de pratiquer une espèce de buttage fort imparfait sans doute, mais très-utile néanmoins dans toutes les contrées où les rigueurs du climat sont à craindre, et partout où le sol semble pécher par un excès d'humidité. Cette méthode, à laquelle les cultivateurs flamands continuent à attacher un très-haut prix, paraît originaire des Flandres, et est connue sous le nom de *palottage*. Voici comment on s'y prend d'ordinaire pour l'exécuter. Si le terrain est disposé en billons étroits, on approfondit à la bêche les rigoles creusées par la charrue, en leur donnant autant que possible une profondeur de 30 à 35 centimètres sur une largeur d'environ 25 centimètres. La terre qui provient de ces sortes de fossés d'écoulement est destinée à servir d'abri à la végétation pendant les froids rigoureux. On la place dans cette intention, un peu avant l'entrée de l'hiver, entre les rayons des planches par pelletées non divisées, et lorsque le printemps arrive on la voit se fondre et rechausser spontanément les racines soulevées par l'effet de la congélation du sol. L'opération a donc deux buts, et, nous pouvons le dire, deux résultats parfaitement distincts : l'un de préserver les récoltes des intempéries de l'atmosphère, l'autre de procurer à la plante une nouvelle terre qui influe d'une manière très-favorable sur son développement. Lorsque la plantation est faite sur un terrain labouré *à plat*, c'est-à-dire dépourvu de planches, on peut placer les sillons à la distance voulue en se servant d'un cordeau comme guide d'alignement. Dans ce cas, il convient de les creuser dans un sens opposé aux lignes des plantes pour faciliter le palottage, et de les diriger du côté de la pente du sol, afin de donner un cours plus libre aux eaux pluviales.

Le système des semis en rayons et à demeure, c'est-à-dire exécutés dans le champ même où les plantes commencent leur croissance et arrivent au terme de leur maturité, est, de tous les modes connus, celui qui se prête le mieux au travail de la terre pendant la végétation. Soit que les semis aient été pratiqués au moyen du semoir, soit qu'ils aient été faits, ce qui est évidemment préférable, à l'aide du plantoir mécanique, on peut toujours donner au sol les cultures qui lui sont nécessaires, avant comme après l'hiver, sans être entraîné pour ainsi dire dans aucuns frais de main-d'œuvre. Pour cela, on se sert de la *houe multiple*, que l'on arme de couteaux, de dents ou de socs, selon que l'on veut sarcler, biner ou butter les plantes (1).

Ainsi lorsque le colza est semé et que les plants sont convenablement éclaircis dans la ligne, on peut déjà donner un trait de houe, soit en la garnissant de ses couteaux, soit en y appliquant trois ou cinq dents. Par cette opération on détruit toutes les mauvaises herbes qui tendent à envahir le champ, et l'on met la terre dans les conditions les plus favorables à la récolte. Vers la fin d'octobre, lorsque la végéta-

(1) Cet instrument est d'une importance toute spéciale pour la production des plantes oléagineuses par voie de semis. Il est aussi employé avec le même succès dans toutes les cultures en lignes, telles que betteraves, carottes, navets, pommes de terre, féveroles, chicorée, etc., et remplace avantageusement les houes à cheval, à socs et à couteaux. On s'en sert aussi pour défoncer les terres, travail où il produit des effets très-remarquables. Pour la description et la manière de monter cet instrument, nous renvoyons au *Traité des instruments aratoires* de la *Bibliothèque rurale*, dans lequel on trouve des renseignements précis et une description raisonnée.

tion a acquis une certaine force, on substitue les socs aux dents postérieures ou aux couteaux, et on fait passer une seconde fois la houe multiple dans les lignes, afin de butter les plantes et de les mettre ainsi à l'abri des rigueurs de l'hiver. Enfin quand la terre est suffisamment ressuyée au printemps, il est encore facultatif de donner une ou deux façons selon l'état du sol et de la récolte. Si la surface n'est ni sale ni soulevée et que la végétation se montre vigoureuse, le mieux est de pratiquer un binage avec l'instrument armé de dents. Dans le cas contraire, on obtient d'excellents résultats d'un second buttage, car on remet de la sorte au pied des racines une portion de terre nouvelle et bien ameublie, qui répare les dégâts causés par les gelées en même temps qu'elle enlève toute trace de plantes nuisibles.

On le voit : quel que soit le côté sous lequel on envisage les semis à demeure, on leur trouve des avantages que ne présentent pas les autres méthodes. Par l'application du plantoir mécanique et de la houe multiple, la question, résolue autrefois d'une manière défavorable par la pratique, s'est simplifiée et a changé entièrement de face. De vicieux qu'il était, le mode dont nous prenons aujourd'hui la défense est devenu éminemment productif et promet de prendre une prompte extension dans le pays. L'expérience s'est déjà prononcée, mais il est à désirer que des faits nombreux viennent confirmer les premières observations et rendre la vérité plus éclatante. Or, avec le zèle qui distingue les producteurs belges, on ne doit pas douter que cette conquête ne parvienne bientôt à prendre rang d'inscription dans les annales agricoles du royaume !

§ 5. — Récolte et rendement.

La facilité avec laquelle s'entr'ouvrent les siliques du colza dès qu'il arrive à maturité, fait qu'on le coupe avant qu'il soit entièrement mûr. Aussitôt que le flétrissement et la chute des feuilles inférieures, la teinte jaunâtre de la tige et la teinte brune des graines avertissent que le grand œuvre de la nature est complété par l'entier développement de la semence, il ne faut pas perdre un instant, quand le temps est beau, pour commencer la récolte. En différant cette opération, on s'exposerait en effet à perdre une partie du rendement, soit par les dégâts des oiseaux qui sont avides de la graine, soit par sa chute naturelle, ou par celle qui résulte toujours des secousses plus ou moins fortes que la plante éprouve par le seul effet de la récolte, auquel se joint trop souvent celui des vents impétueux.

On peut diminuer beaucoup la dernière perte, en se servant d'une faucille à tranchant bien acéré, et en l'employant avec précaution et sans saccades, plutôt le matin et le soir que dans le milieu du jour, et par un temps frais, s'il est possible. Lorsque, par des circonstances quelconques, impossibles à prévoir, et surtout à prévenir, une forte partie de la graine se trouve disséminée sur le champ, on peut encore en tirer quelque parti en le hersant immédiatement après la récolte. On obtient ainsi un fourrage vert et un pâturage abondant, ou enfin un engrais végétal si on le préfère; et, de cette manière, on purge le sol d'une semence inutile, qui pourrait devenir nuisible aux récoltes suivantes.

Lorsque le colza occupe seul le champ, on le coupe ordinairement avec une faucille à trois ou à quatre pouces de terre. Quand, au contraire, on a semé entre les lignes de colza des graines de carotte pour en obtenir une récolte dérobée, il faut alors arracher les plantes, afin que le maniement de la houe multiple ne trouve pas un obstacle dans la présence des racines qui restent en terre. Une fois les tiges séparées du sol, on les pose par poignées de deux rangées entre les fossés qui bordent les planches. Les pieds sont placés du côté des rigoles, les rameaux vers le centre du billon. L'ouvrier a ordinairement le pied dans le fossé même, et coupe tantôt à droite, tantôt à gauche, jusque vers le milieu de chaque planche. Cette position facilite singulièrement le travail et permet, si l'on a la précaution de n'effectuer la coupe que le matin, pendant les chaleurs, de conserver presque toutes les graines dans les tiges.

On laisse mûrir le colza en javelle ou on le place en meules, suivant les circonstances.

Si le temps est sec et paraît vouloir se maintenir au beau, le premier mode peut être employé à l'exclusion de tout autre. Dans ce cas, il suffit de retourner les javelles, lorsque le dessus est presque blanc, afin d'exposer l'autre côté aux rayons du soleil; on les ramasse ensuite dans des draps, puis on les enlève pour les battre.

L'emmeulage n'a lieu que lorsqu'on n'a pas le temps de battre immédiatement, ou quand le colza n'est ni parfaitement mûr ni parfaitement sec, ou enfin quand le temps n'est pas assez beau ou assez sûr pour pouvoir entreprendre le battage en plein air au milieu des champs. Les meules, auxquelles on donne généralement 12 mètres de circuit sur 4 mètres de hauteur, se placent d'ordinaire sur un plan élevé de quelques pouces au-dessus du sol, afin que l'humidité ne puisse se répandre dans l'intérieur. Une disposition utile à prendre encore, c'est de mettre à la base une couche de paille de trois à quatre pouces d'épaisseur, et d'étendre sur celle-ci un lit d'égale épaisseur de regain, destiné à recevoir les graines qui tombent au fond de la meule, et qui seraient en partie perdues sans cette précaution. Le colza s'emmeule presque toujours aussitôt après le faucillage, et la partie des tiges où se trouvent les siliques se dirige vers le centre : la récolte achève d'y mûrir, malgré la fermentation qui s'établit dans le tas et qu'il ne faut pas craindre. La graine est aussi noire et aussi propre à l'extraction de l'huile que par tout autre procédé, et celui-là a l'avantage de mettre à l'abri de toute espèce de chance.

Enfin, on peut encore, comme troisième moyen, remplacer les meules par des meulons coniques de cinq à six pieds de haut, que l'on établit, soit immédiatement, soit vingt-quatre heures après le faucillage, selon le point de maturité. La graine s'y achève mieux et avec moins de risques qu'en javelle. Pour enlever les meulons, au lieu de les démonter par brassées, ce qui pourrait égrainer beaucoup, on étend à côté de chacun une toile de deux mètres en carré ; puis, au moyen de deux perches de bois léger que l'on passe sous la base du tas, deux hommes enlèvent celui-ci en entier et le posent sur la toile, qui, garnie elle-même sur ses côtés de deux perches semblables, sert à le transporter sur l'aire où se fait le battage.

Le colza se rentre à la ferme pour être battu dans la grange ou s'égrène en plein air sur le champ même où il a été récolté. Pour exécuter ce dernier procédé, qui est évidemment préférable à l'autre, on se sert d'une grande toile nommée bâche, d'une étendue proportionnée à la récolte. Ce drap couvre tout l'espace disposé pour le battage; il est relevé tout autour par le moyen d'un bourrelet en terre ou en paille.

Ces dispositions étant faites, on apporte le colza et on le place circulairement sur le drap. Aussitôt que l'aire est garnie aux deux tiers, les batteurs commencent leur opération en tournant; à mesure qu'ils avancent, des ouvriers ramassent les tiges battues, les lient en bottes, et les mettent en tas dans le voisinage. D'autres ouvriers placent de nouveau colza, et ainsi successivement. Les poseurs sont en tête, les batteurs suivent, et les ramasseurs viennent les derniers.

Assez souvent on vanne la graine sur le lieu même, d'autres fois on ne la nettoie complétement que lorsqu'elle est parfaitement sèche, ou même lorsqu'on veut la vendre, parce qu'elle se conserve mieux mêlée d'un peu de menue paille. Dans l'un ou l'autre cas, comme elle est sujette à s'échauffer, on l'étendra au grenier, en couches minces, et on la remuera fréquemment à la pelle ou au râteau pendant les premiers temps.

Le colza est un des végétaux de commerce qui donne le produit net le plus considérable. Au moyen d'une culture rationnelle, faite avec tous les soins nécessaires et dirigée suivant les exigences de cette oléagineuse, on peut arriver à un rendement de 35 hectolitres par hectare. En Flandre, on obtient jusqu'à 40 hectolitres sur une surface de même étendue, mais c'est là un chiffre qu'on ne peut atteindre que dans des circonstances exceptionnelles. En général, lorsqu'on opère dans des terrains de *bonne* qualité et que la récolte est satisfaisante *de part et d'autre,* on peut compter que le produit du colza est à celui du froment comme 25 est à 20, c'est-à-dire qu'on obtient d'ordinaire 25 hectolitres du premier sur un hectare qui donne 20 hectolitres du second. Le rapport de la paille à la graine varie pour cette plante comme pour toutes les autres : le plus souvent il est dans la proportion de 165 à 100. Quant aux siliques, elles forment une excellente nourriture pour le bétail, principalement pour les vaches et les moutons.

D'après la statistique agricole de Belgique, l'hectolitre de graine, qui pèse 69 kilogrammes, se vend, en moyenne, sur les marchés de l'intérieur, 24 francs, et produit, au taux de 30 p. 100, environ 22 litres d'huile et 46 kilogrammes de tourteaux. A ce compte, une récolte ordinaire, que l'on ne peut évaluer dans notre pays à moins de 20 hectolitres, aurait une valeur vénale de 480 fr. par hectare, sans compter les siliques et la paille, et fournirait 453 litres d'huile et 924 kilogrammes de tourteaux, équivalant, comme engrais azoté, à plus de 11,000 kilogrammes de fumier de ferme ordinaire.

CHAPITRE III.

DU COLZA D'ÉTÉ.

§ 1. – Terrain et engrais.

Le colza d'été ou de printemps, comme toutes les plantes dont la végétation est en quelque sorte hâtée par le temps, donne généralement des produits moins abondants, une huile moins grasse et de moindre qualité que le colza d'hiver. Quoique d'une culture moins avantageuse sous une foule de rapports, il arrive cependant des cas où il convient de lui accorder la *préférence*. Ainsi, lorsque le climat est trop rigoureux pour le colza d'hiver et que cette variété se trouve arrêtée, frappée même dans sa naissance par des gelées tardives du printemps, il faut *nécessairement* avoir recours au colza d'été, qui n'a rien à craindre des intempéries de l'atmosphère. C'est pour ce motif, sans doute, qu'en Ardennes, où la température est naturellement plus froide et plus capricieuse à la suite de l'hiver, ce dernier est beaucoup plus estimé que l'autre par la plupart des cultivateurs.

On cultive en outre le colza de printemps lorsque les plantations d'automne ont manqué, ou bien quand, pour une cause quelconque, le terrain n'a pu être disposé plus tôt; car à défaut de cette plante on est obligé d'y substituer d'autres récoltes de printemps telles qu'orge d'été, froment de mars, etc., c'est-à-dire tous végétaux dont le rendement est loin d'équivaloir à celui du produit qu'ils remplacent.

Cette variété exige autant, sinon plus que l'autre, un terrain riche et fécond; si le sol n'était doué que d'une fertilité ordinaire, la végétation ne saurait y puiser, à cause de sa précocité et de son rapide développement, la quantité de substances nutritives nécessaires à une bonne croissance.

Par la même raison, il importe que les engrais dont on gratifie la récolte soient de bonne qualité, et dans un état de décomposition tel que les racines puissent s'en approprier les principaux éléments. On conçoit que n'ayant pas à redouter les gelées, et ne devant être semé qu'assez tard, le plus grand obstacle au développement du colza d'été est une excessive sécheresse, et que, par conséquent, un sol frais, substantiel et profond, forme la première condition de sa réussite.

Les engrais qui paraissent les plus favorables à ce genre de produit sont ceux qui renferment le plus d'azote. A ce titre le bon fumier de basse-cour, principalement celui de moutons ou de bêtes nourries avec des tourteaux, le guano, le cofy, la colombine, la suie de cheminée, l'urine et les matières fécales méritent d'être placés au premier rang.

Quand on fait usage d'engrais de ferme, il n'est nullement nécessaire qu'il soit appliqué l'année même où se font les semis; le colza d'été n'ayant pour ainsi dire aucune exigence sous le rapport de l'alternation et se plaisant par cela même après toute espèce de plantes, on peut sans inconvénient le placer dans un terrain fumé de l'année précédente, pourvu toutefois que la récolte à laquelle il succède n'ait pas été trop épuisante. Les engrais artificiels se répandent, soit avec la graine au moment de la semaille, soit en poudre sur tout le champ un peu avant que la végétation n'apparaisse, soit, enfin, au pied des plantes lorsque celles-ci ont atteint une hauteur de 3 ou 4 pouces. De ces trois modes, le premier est, sans contredit, le plus avantageux, d'abord parce qu'il donne plus de temps à l'engrais de produire son effet, ensuite parce qu'il permet de réaliser une grande économie de substances fertilisantes, surtout quand on peut, comme avec le plantoir mécanique décrit plus haut, déposer ces substances tout autour de la graine. Il est presque inutile de faire remarquer que s'il s'agissait d'urine ou de matières non pulvérulentes, le dernier système est le seul auquel on puisse avoir recours.

§ 2. — **Semis et culture pendant la végétation.**

Le colza de printemps se sème depuis le mois d'avril jusqu'à la fin de mai, et même le commencement de juin, mais l'expérience a démontré qu'il ne faut pas s'y prendre trop tôt pour exécuter cette opération. En confiant de bonne heure la graine au sol, il est évidemment plus facile de trouver dans la couche arable le degré d'humidité convenable à la prompte croissance de la jeune plante; mais, d'un autre côté, la floraison arrive précisément alors à l'époque où la fécondation des graines des plantes de cette famille, par suite sans doute de la brièveté des nuits, paraît se faire avec le plus de difficulté. Les cultivateurs des Flandres et du Hainaut, qui possèdent, à l'égard des plantes oléagineuses, une grande expérience et d'excellentes traditions, prétendent que les jeunes pousses de colza d'été ne doivent pas voir le soleil de mai. C'est aussi notre avis, et nous croyons que l'on a toujours tort de procéder à l'ensemencement de cette plante avant la fin de ce mois, car on s'expose ainsi à voir la récolte ravagée par les insectes. On ne peut semer un peu plus tôt que dans les terres riches et fertiles, où la végétation à la fois rapide et vigoureuse parvient à échapper aux attaques mortelles des pucerons.

La semaille se fait à la volée ou en lignes, sur un terrain profondément labouré, hersé et roulé à différentes reprises, préparé en un mot comme pour une céréale d'automne. Le mode de semis à la volée est de tous le plus simple, mais, par contre, le moins avantageux. C'est une pratique vicieuse, généralement condamnée par les agriculteurs éclairés, et qui ne devrait plus être connue que de nom ; aussi n'en parlerons-nous que pour mémoire. Quant aux semis en lignes, ils s'effectuent au moyen du semoir ou bien à l'aide du plantoir mécanique.

Par l'emploi du semoir, l'opération marche avec un peu plus de rapidité, mais la main-d'œuvre est alors augmentée par la difficulté d'éclaircir les plants dans la ligne. Le plantoir mécanique est encore ici l'instrument par excellence, car indépendamment du bénéfice qu'il procure en disposant les plantes à une distance parfaitement égale les unes des autres, il permet encore de répandre tout autour des graines une légère dose d'engrais actifs qui ont pour effet d'éloigner plus ou moins les insectes destructeurs et d'augmenter le rendement de la récolte dans une proportion considérable.

Quelle que soit du reste la manière dont on procède, il est essentiel que les lignes ne soient pas trop écartées. Un espace de 33 à 36 centimètres entre chaque rayon et une distance de 18 à 20 centimètres entre une plante et l'autre dans la ligne nous paraissent être les limites qu'il serait imprudent de dépasser dans un sol de fertilité moyenne. Plus le terrain est riche, plus aussi l'écartement des plantes doit être grand. Si l'on fait usage du plantoir mécanique, on trace préalablement les lignes en donnant, comme il a été dit plus haut pour le colza d'hiver, deux traits de rayonneur, et l'on dépose la graine et l'engrais aux points d'intersection.

La quantité de graines nécessaire pour ensemencer un hectare de colza varie entre 1 1/2 et 4 kilogrammes par hectare, selon que l'on utilise le plantoir ou le semoir. On ne doit jamais économiser la semence, car il importe avant tout d'avoir la terre suffisamment garnie, et puisque l'on est obligé, dans un cas comme dans l'autre, d'éclaircir les plants après la levée, il n'en coûte pas davantage d'en arracher trois que deux. Une autre remarque à faire, c'est que l'espacement doit être terminé de bonne heure ; on évite par là de briser les racines des plantes qui restent en terre, et l'on n'expose pas la végétation à un temps d'arrêt dont les conséquences sont manifestement préjudiciables.

Dès que les plantes se trouvent éclaircies, on donne un premier sarclage en faisant passer dans les lignes la houe multiple munie de ses couteaux. Si le champ est infesté de mauvaises herbes, un second sarclage devient nécessaire et se donne douze à quinze jours après le premier. Enfin, quand les tiges florales commencent à monter, on termine par un buttage en fixant à la houe des socs au lieu de couteaux. Ces diverses opérations, qu'on regardait comme impossibles autrefois à cause de l'imperfection des instruments, sont devenues d'une simplicité remarquable depuis que la houe multiple a pris rang parmi les machines les plus utiles, et peuvent être exécutées à fort peu de frais. Or, on ne doit pas perdre de vue que les façons données à la terre pendant la végétation contribuent puissamment à faire produire au colza un grand nombre de jets latéraux, et ce point est d'autant plus important que la majeure partie de la récolte repose sur les tiges accessoires.

La végétation du colza d'été suit une marche différente de celle du colza d'hiver, en ce sens qu'il ne forme pas ses rameaux latéraux en même temps que sa tige principale. Celle-ci, attirant à elle la plus grande partie de la séve, fleurit longtemps avant les rameaux. Si l'on ne s'oppose pas à cette tendance naturelle de la plante, il en résulte qu'elle donne moins de graines et que celles-ci, au lieu de mûrir simultanément sur toutes les parties du végétal, mûrissent inégalement et successivement, de sorte qu'il y a perte sur la qualité comme sur la quantité de la récolte.

Pour obvier à cet inconvénient, lorsque la floraison commence à s'accomplir, on enlève le sommet des tiges centrales à 15 ou 20 centimètres de longueur; deux ou trois jours après ce retranchement, on voit les tiges latérales prendre de la force, s'allonger toutes en même temps, et produire une abondance de fleurs, symptômes d'une riche et fructueuse récolte. Les graines qui succèdent à cette floraison mûrissent d'ailleurs aussi en même temps, et cette circonstance contribue sensiblement à augmenter leur qualité et leur valeur vénale.

Une autre manière de cultiver le colza d'été est celle qui consiste à déposer la graine sur des ados formés dans l'intention de donner plus de terre végétale aux plantes. Comme cette pratique donne, à frais égaux, des produits plus élevés que la méthode ordinaire, nous croyons également utile de la faire connaître.

Après avoir préparé le sol par un déchaumage, on donne, avant l'hiver, un labour profond qui ameublit la surface. Au printemps, lorsque la couche arable est suffisamment ressuyée, on dispose le champ en billons à l'aide d'un buttoir, ou charrue à double versoir, semblable à celui qu'on emploie pour butter les pommes de terre dans la grande culture. A défaut de cet instrument, on peut obtenir le même résultat avec une charrue ordinaire versant la terre une fois à droite et une fois à gauche, et déposant deux bandes de terre l'une contre l'autre en allant et en revenant. Les ados ainsi façonnés ne doivent pas avoir pour le colza d'été plus de 30 à 35 centimètres de largeur à leur base. Si l'on doit répandre un peu de guano, de cofy ou de tourteau en poudre comme supplément de fumure, on répand ces substances dans les raies entre les billons. Cela fait, on recommence la besogne en refendant les billons par le milieu, de sorte que l'engrais se trouve enterré sous les nouveaux ados qui ont changé de place, et qui viennent occuper les intervalles laissés entre les anciens. On passe enfin un léger rouleau de bois sur tous les billons dans le sens de leur longueur pour en aplatir la crête, sans les effacer tout à fait, et l'on dépose la graine de colza au sommet. Le jeune plant, à mesure qu'il grandit, enfonce précisément ses racines dans l'engrais placé sous les ados, et profite ainsi à vue d'œil. Si la terre a été fumée d'avance, la disposition du terrain en crêtes équidistantes n'en est pas moins favorable à la croissance de la récolte; elle offre une surface plus grande que la culture à plat aux influences atmosphériques, et permet aux racines des plantes de recevoir plus directement l'action bienfaisante des chaleurs de l'automne.

§ 3. — **Récolte et rendement.**

Avec une semaille exécutée dans la dernière quinzaine du mois de mai, on obtient la maturité dans le commencement de septembre. Cette maturité s'annonce, comme pour le colza d'hiver, par le jaunissement des tiges et des siliques, ainsi que par la teinte brune des graines. La récolte se fait par les mêmes procédés que ceux décrits dans le chapitre précédent. On coupe à la faucille, à 3 ou 4 pouces rez terre, et l'on dépose les tiges par javelles sur le sol avec beaucoup de précaution, afin de ne pas répandre la semence. On laisse ensuite sécher la récolte en plein air, ou bien on en forme, selon les circonstances, soit des meulons, soit des meules, où elle achève de mûrir. Le battage doit se faire autant que possible sur le champ même et par une méthode analogue à celle qui a été indiquée ci-dessus. Si le temps s'y oppose, ou s'il arrive que le cultivateur n'ait pas la faculté ni le loisir de mettre cette pratique à exécution, le mieux est alors d'engranger toute la moisson au moyen de chariots dont le fond est garni de toiles ou bâches destinées à recueillir la graine qui s'échappe des siliques pendant le trajet.

Le rendement du colza d'été est relativement moins considérable que celui du colza d'hiver. Cependant à l'aide d'une culture intelligente, c'est-à-dire par l'application des semis en ligne qui permettent les sarclages et les buttages, et par l'adjonction aux engrais de ferme d'une certaine quantité de matières pulvérulentes, telles que guano, tourteaux, etc., on peut encore arriver au chiffre de 20 à 22 hectolitres par hectare. La graine du colza d'été rendant aussi moins d'huile que celle du colza d'hiver dans le rapport de 26 à 30, il en résulte que la valeur de la première n'équivaut sur nos marchés qu'aux sept huitièmes environ de la valeur acquise par la seconde. D'après cela, le prix moyen obtenu de la variété de printemps serait de 21 francs par hectolitre, et le rendement de l'hectare se trouverait porté à 420 francs. Ce résultat est trop remarquable en lui-même pour qu'il soit nécessaire de le faire suivre d'aucune réflexion.

CHAPITRE IV.

DE LA NAVETTE.

§ 1. — Terrain et engrais.

La navette est une plante de la famille des crucifères, qu'on cultive presque exclusivement pour en obtenir la graine. Ses feuilles, au lieu d'être lisses et glauques commes celles du colza et de la plupart des choux, sont au contraire rudes au toucher et d'un vert plus franc, comme celles des navets et des raves. Le colza doit avoir la préférence sur la navette quand on cultive des terres riches et fraîches : à soins égaux, son produit est plus considérable; mais la navette est moins exigeante, non-seulement parce qu'elle se contente d'un terrain médiocre, mais aussi parce qu'elle supporte mieux le vent et la sécheresse. Le voisinage des mauvaises herbes lui est d'ailleurs moins pernicieux, et il est rare que la récolte soit détruite par les altises.

On connaît, eu égard à la durée de la végétation de cette plante, deux variétés ou races désignées, l'une sous le nom de *navette d'hiver*, l'autre sous celui de *navette de printemps*. Celle-ci se distingue très-bien de la précédente par ses siliques dressées et non étalées à la maturité. La navette d'hiver ne se cultive guère que dans les terrains doués d'une certaine fertilité ; mais lorsqu'on opère dans de telles conditions, il est toujours plus avantageux, comme nous venons de le faire remarquer, d'y substituer le colza d'automne, qui est incontestablement plus productif. A moins d'avoir affaire à un sol d'une nature particulière et tout à fait impropre à assurer la réussite de ce dernier, la navette d'été mérite donc seule, dans notre pays, de fixer l'attention des agriculteurs; aussi ne nous occuperons-nous plus de l'autre que d'une manière incidente.

La navette d'été se plaît presque partout, mais principalement dans les terrains légers, sablonneux et surtout calcaires. Sur les bons fonds des pays de plaines, il ne peut y avoir que de la perte à la faire entrer dans l'assolement, d'abord parce qu'elle donne des récoltes relativement inférieures, et ensuite parce qu'on peut la remplacer par des cultures plus productives et plus certaines. Dans les pays de calaire très-élevés, où les nuages peuvent entretenir une humidité suffisante pendant les fortes chaleurs, il n'en est pas de même : là, on en tire souvent un excellent parti et son rendement est parfois très-considérable. Du reste, c'est principalement quand une autre récolte a manqué par suite des intempéries de l'hiver, qu'il est avantageux de cultiver la navette. On trouve alors dans sa présence un auxiliaire d'autant plus précieux qu'on peut la semer jusqu'à la mi-mai, et qu'elle n'occupe guère le sol plus de deux mois. Les terres qui conviennent le mieux à cette culture, après celles qui sont calcaires et meubles, sont toutes celles dont la surface gazonneuse a été écobuée et incinérée. Elle y est ordinairement très-productive, et peut être suivie immédiatement d'une seconde culture en graminée, qu'il convient d'accompagner d'un ensemencement en prairie artificielle. On épargne ainsi les labours, les engrais et la terre elle-même qui, au lieu de se détériorer, comme cela arrive fréquemment après les défrichements, se trouve au contraire améliorée à peu de frais.

La graine de cette plante étant composée des mêmes principes que celle du colza, elle demande naturellement à être traitée de la même manière sous le rapport des engrais. Seulement on peut se dispenser d'appliquer des fumures aussi copieuses, et il n'est nullement nécessaire de choisir pour elle les meilleures terres de l'exploitation. Les engrais artificiels, répandus en même temps que la semence, activent sensiblement la végétation, et font prendre à la récolte une vigueur qui se traduit toujours par une augmentation de rendement. Un dosage de 100 kilogrammes de bon guano ou de 200 kilogrammes de tourteaux par hectare, lorsque ces substances sont déposées tout autour de la graine au moyen du plantoir mécanique, accroît ordinairement la production de 4 à 5 hectolitres. La valeur courante de ces engrais ne dépassant pas 25 francs, et le prix de l'hectolitre de graine étant de 21 francs, il s'ensuit que les frais occasionnés par cette fumure artificielle sont récupérés au quadruple l'année même de son application. On voit par là combien il importe de donner à la plante, sous une forme d'assimilation convenable, ce qui lui est nécessaire pour prospérer.

§ 2. — Semis et culture pendant la végétation.

La facilité avec laquelle on parvient à obtenir des produits de la navette en consacrant peu de frais à sa culture, doit être considérée comme une des causes qui ont empêché jusqu'ici de lui donner tous les soins susceptibles de développer ses qualités. Ainsi, nous ne sachions pas qu'on ait essayé de remplacer les semailles à la volée par la méthode des semis en lignes, quoique l'expérience se soit prononcée en faveur de ces derniers. La même indifférence a constamment régné et existe encore actuellement à l'égard des cultures pendant la végétation, car une fois les plantes levées on se borne à les éclaircir, précisément comme si elles n'avaient plus rien à attendre du travail de l'homme.

Cet état de choses ne changera que le jour où l'on aura modifié profondément les pratiques en usage. La première amélioration à introduire, la plus importante peut-être, est celle qui consiste à donner de nombreuses façons au sol pendant la croissance des plantes. Pour cela il faut nécessairement employer les moyens à l'aide desquels on parvient à diminuer la main-d'œuvre. Les instruments perfectionnés nous offrent à cet égard de précieuses ressources, car leur présence dans une exploitation rurale fait nécessairement disparaître les difficultés qui se rattachent au travail purement manuel. Avec les semoirs ou les plantoirs, en effet, la culture en lignes se simplifie au point de passer dans la catégorie des opérations faciles et vulgaires. Les houes à cheval peuvent alors fonctionner avec avantage, et donnent en quelque sorte naissance à de nouveaux éléments de réussite.

Quoi qu'il en soit, la semaille de la navette à la volée ne paraît plus mériter l'importance qu'on y attache. Si l'on a toujours répandu cette graine à la main sans mesure ni discernement, ce n'est pas une raison d'en agir encore ainsi à l'avenir. Il importe au contraire que cette pratique cède le pas à d'autres plus rationnelles et surtout mieux en harmonie avec les besoins et les ressources de l'agriculture. Parmi elles, nous l'avons déjà dit, vient en première ligne la culture en rayons. Si l'on répand la graine à l'aide du semoir, la quantité de graines nécessaire pour un hectare est d'environ sept à huit litres. Par l'usage du plantoir mécanique on peut réduire cette proportion des trois quarts. L'époque la plus favorable aux semailles est le mois de mai ; souvent on attend le mois de juin avant de confier la graine au sol, mais alors la récolte en souffre et le rendement est moins considérable. La distance à laisser entre les lignes varie entre 35 et 40 centimètres, selon la richesse de la terre ; au besoin on peut réduire cet espace à 30 centimètres, mais en aucun cas il ne doit être moindre.

Dès que la levée des plantes est entièrement accomplie et que l'on aperçoit distinctement les rayons, il est avantageux de faire passer la houe multiple afin de détruire la croûte qui s'est formée à la surface et d'empêcher les mauvaises herbes d'envahir le champ. Quand la végétation a acquis une hauteur de 2 à 3 pouces, on éclaircit dans la ligne de manière à n'y laisser qu'une plante tous les 25 centimètres : on conçoit qu'en arrachant les pieds superflus, il est essentiel d'extirper toutes les herbes parasites qui peuvent se trouver aux alentours de ceux qui restent. Douze à quinze jours après cette opération, on donne un second sarclage, et, si on le juge nécessaire, un léger buttage avant que les tiges ne montent. Ce dernier travail terminé, on abandonne le champ à lui-même, et l'on ne s'en occupe plus que pour s'assurer de l'époque où il convient de faire la récolte.

§ 3. — Récolte et rendement.

La maturité des semences de navette s'annonce par la couleur brune qu'elle contracte et par le dessèchement des feuilles et de la tige, qui blanchit, ainsi que les cosses ou siliques; il est essentiel d'observer qu'il y a ordinairement de l'inconvénient, relativement aux récoltes suivantes, à attendre que cette maturité soit complète, parce que les oiseaux, qui sont très-avides de ces semences huileuses, dont on nourrit souvent ceux qu'on élève, joints au vent, à la pluie, à la grêle et à d'autres circonstances défavorables, peuvent en répandre sur la terre une grande quantité, qui devient nécessairement très-nuisible, à moins qu'on n'ait la faculté de les faire germer ou de les faire enfouir, avant un nouvel ensemencement, en se procurant ainsi ce qu'on appelle une *récolte morte.*

Il est constant, d'ailleurs, que les semences formées les dernières fournissent beaucoup moins d'huile que les premières.

Les moyens employés pour faire la récolte sont à peu près les mêmes que ceux dont on se sert pour le colza. On arrache d'abord les tiges, puis on les dépose par poignées sur le sol, soit pour les laisser sécher complétement, soit pour les mettre en meulons ou en meules, jusqu'à la maturité des graines. L'inconvénient de la dissémination sur le sol de cette partie essentielle des plantes exige aussi qu'on prenne beaucoup de précautions en les déracinant, en les plaçant en javelles, en les ramassant et en les portant sur des toiles, pour les battre sur une aire établie en plein champ, ou mieux hors du champ.

La culture de la navette récoltée en graine épuise

la terre comme celle de toutes les plantes oléifères, et si la culture des graminées ou de toute autre plante épuisante prospère après, cet avantage ne peut être attribué qu'aux engrais et au nettoiement que la terre a pu recevoir, s'il n'est dû à sa fertilité naturelle. Le rendement de cette plante, dans les terres de fertilité moyenne, varie ordinairement entre 14 et 16 hectolitres par hectare; mais par l'application des procédés que nous venons de décrire, il n'est nullement difficile d'arriver au chiffre de 18 à 20 hectolitres, partout où le sol ne recèle pas quelque vice d'organisation intérieure. L'emploi d'une légère dose d'engrais artificiel, répandue en même temps que la graine, rend cette augmentation de produits moins problématique encore : la végétation, atteignant alors son maximum de développement, donne pour résultat une graine riche, abondante et de qualité supérieure.

CHAPITRE V.

DE LA CAMELINE.

§ 1. — Terrain et engrais.

La cameline, comme toutes les plantes dont il a été question précédemment, appartient à la famille des crucifères. Elle est annuelle et passe pour être peu délicate sur le choix du sol, pourvu qu'il soit meuble. Sa tige, cylindrique et très-rameuse, s'élève de 30 à 60 centimètres; ses feuilles sont velues; ses fleurs présentent une teinte jaune-clair et sont remplacées, à l'époque de la fructification, par des silicules ovales un peu amoindries à la base et renfermant un grand nombre de semences huileuses.

Cette plante, que nous considérons ici sous le seul point de vue de la production de ses graines, a cependant quelques autres usages : ses tiges sont employées dans diverses localités pour couvrir les maisons; dans beaucoup d'autres on s'en sert comme combustible; ailleurs, enfin, et c'est principalement en Flandre que cet usage est adopté, on les utilise pour la confection des balais.

La cameline partage avec la navette d'été l'avantage d'être un des végétaux oléagineux qui occupent le moins longtemps le sol. Elle peut se semer plus tard avec d'autant plus de chances qu'elle n'exige pas des pluies fréquentes, qualité bien précieuse dans les années où les récoltes d'automne ou de printemps ont été détruites. Aussi en fait-on grand cas en divers lieux pour remplacer les lins, les colzas, les pavots, et, dans des cas heureusement moins fréquents, les céréales qui ont péri par suite du froid, de la grêle ou des inondations.

La cameline, qui aime de préférence les sols légers, peut croître passablement bien dans les terres à seigle de qualité médiocre et de faible profondeur. De toutes les plantes oléagineuses, c'est peut-être celle dont la culture est la moins limitée pour le choix du terrain. On peut dire qu'elle vient partout et qu'elle y vient avec succès, pour peu qu'on lui accorde les soins de culture et les engrais nécessaires.

On lui a reconnu d'ailleurs des avantages d'un autre genre qui ne sont pas à dédaigner : le plus important, c'est qu'elle est à l'abri des altises, qui attaquent, comme nous l'avons déjà dit, presque toutes les plantes de la famille des crucifères dans leur jeunesse, et des pucerons, qui se multiplient quelquefois de telle manière à l'époque de la floraison, qu'ils diminuent sensiblement les récoltes de colza et de navette.

Le terrain destiné à recevoir une semaille de cameline doit être préparé au printemps par un ou deux labours à la charrue et un égal nombre de hersages, ou, ce qui est préférable, par un seul labour d'automne, auquel on fait succéder quelques hersages énergiques un peu avant de confier la graine au sol. Comme pour toutes les graines fines, la surface demande à être bien pulvérisée, ce à quoi on parvient en faisant suivre alternativement la herse du rouleau.

Si la caméline est douée de l'excellente propriété de croître sur des sols pauvres ou tout au moins impropres à la culture des autres plantes oléagineuses, l'expérience n'en a pas moins démontré que, loin de se trouver mal d'une abondante distribution d'engrais, elle se plaît, au contraire, partout où la couche arable contient une large proportion de matières fertilisantes. Par la raison que sa graine donne des tourteaux fortement azotés, on doit regarder cette plante comme très-épuisante; le même motif indique combien il importe de conserver pour sa culture les agents actifs, tels que fumier de moutons, tourteaux, fiente de pigeon, guano, etc. On doit également, lorsqu'on vient d'obtenir une production élevée, avoir soin de fournir les engrais à la terre dans un état de décomposition très-avancé, afin qu'ils puissent se dissoudre immédiatement et qu'ils soient ainsi absorbés, au début de la végétation, par les racines des plantes.

§ 2. — Semis et culture pendant la végétation.

La cameline se sème en mai et en juin, pour être récoltée en août et en septembre, à raison de 5 ou 6 kilogrammes et souvent moins à l'hectare, à cause de la grande finesse de la graine. Cette exiguïté de la semence exige beaucoup d'attention et d'adresse de la part de celui qui la répand : un grand nombre de cultivateurs la mélangent même avec du sable pour que la levée présente de l'uniformité et que les tiges ne soient point trop rapprochées entre elles. On recouvre la graine au moyen d'un léger trait de herse, puis on fait passer le rouleau, afin d'enterrer ce qui peut être resté au contact direct de l'air.

Quoique la semaille se fasse ordinairement à la volée, il est néanmoins avantageux de se servir du semoir, qui permet de réduire de moitié la quantité de semence employée. Par cette méthode, on dispose le semis en rayons et l'on facilite considérablement les sarclages, qui exercent une si heureuse influence sur la croissance des récoltes. La nécessité de laisser les plantes très-rapprochées les unes des autres exclut ici le plantoir mécanique. La distance entre chaque tige, ne pouvant, en effet, dépasser 18 à 20 centimètres, il devient matériellement impossible d'adopter le système de la plantation, à moins d'être entraîné dans des frais de main-d'œuvre que ne compenserait pas la plus value du rendement.

Le seul soin qu'on accorde à la cameline lorsque la semaille s'est faite à la volée, c'est de l'éclaircir de manière que chaque pied se trouve, comme nous l'avons dit, à la distance de 18 centimètres au moins de son voisin. On détruit en même temps les mauvaises herbes qui pourraient entraver sa croissance.

Quand on sème en rayons, ceux-ci peuvent être espacés de 24 à 27 centimètres, moyennant que la distance entre chaque plante dans la ligne ne dépasse pas 18 centimètres. De cette manière les sarclages sont rendus plus économiques, et comme le passage de la houe multiple ne peut avoir lieu à cause du rapprochement des rayons, il est facile d'y substituer l'action de la *rasette* ou binette à main. On conçoit que la plus ou moins grande utilité de ces opérations reste entièrement subordonnée aux époques où on les effectue : plus elles sont nombreuses au début de la végétation, plus aussi elles concourent à accroître la prospérité de la récolte.

§ 3. — **Récolte et rendement.**

La récolte de la cameline se fait ordinairement lorsque les silicules commencent à jaunir, indice d'une maturité suffisante. Dans certains cas, on arrache cette plante pour la déposer doucement sur la surface; dans d'autres, on se borne simplement à la faucher. Ce dernier procédé est évidemment plus expéditif, mais il a le défaut d'exposer les semences qui sont bien mûres à tomber, et il convient de prendre ici les mêmes précautions que pour la graine de *navette*, afin de prévenir cet inconvénient ou d'y remédier.

Les circonstances qui accompagnent la coupe ou l'arrachage des tiges varient d'ailleurs selon les localités : quelquefois on les laisse en tas dans le champ même sur une place bien nettoyée et bien battue; plus souvent on les transporte à la ferme sur des toiles ou sur des véhicules garnis de bâches, pour les déposer ensuite dans la grange. Au bout de quelque temps, lorsqu'on juge que sa maturité s'est complétée, on bat avec un fléau.

Comme toutes les graines huileuses, celle de la cameline ne doit pas être portée au moulin immédiatement après la récolte. Il faut donner le temps aux principes mucilagineux qu'elle contient de se transformer en huile, par suite de l'espèce de végétation qui s'y entretient encore. Pendant ce temps, qui, à raison de la finesse de la graine, ne doit pas être de plus d'un mois, il faut la conserver dans un lieu ni trop sec ni trop humide. Quelques cultivateurs déposent cette graine dans des tonneaux défoncés d'un côté, après l'avoir fait vanner et ressuyer pendant quelques jours à l'air. Cette méthode n'est bonne qu'autant qu'on peut la transvaser de temps en temps, et juger si elle n'a pas de disposition à s'échauffer ou à se moisir. La mettre en petits tas dans un grenier est presque toujours plus sûr.

Il est rare que le rendement de la cameline s'élève au-dessus de 16 hectolitres, du poids de 70 kilogr. par hectare. En estimant à 20 ou 21 francs l'hectolitre la valeur de cette graine sur nos marchés, on trouverait donc pour résultat un produit brut de 320 à 336 francs par hectare.

Un fait qui paraît avoir reçu la sanction de l'expérience dans l'exploitation modèle de M. de Dombasle, et que nous ne devons pas oublier de mentionner, c'est qu'en cultivant la cameline simultanément avec la moutarde blanche, on en obtient, toutes choses étant égales d'ailleurs, des produits plus considérables. Voici ce que rapporte à ce sujet le savant et immortel agronome de Roville : « On sait que, dans beaucoup de cas, deux plantes de différentes espèces, cultivées conjointement sur le même terrain, donnent un produit sensiblement plus considérable que lorsqu'on cultive chacune à part, probablement parce que chaque plante est moins gênée par le voisinage d'une plante d'une espèce différente que par celui d'une autre de sa propre espèce. Comme, d'un autre côté, je savais que la cameline et la moutarde blanche parcourent, à peu près dans le même espace de temps, les périodes de leur végétation, et que le mélange des deux graines ne peut diminuer leur valeur pour la fabrication de l'huile, quoiqu'il soit très-facile de les séparer par le crible si on le désirait, j'ai essayé de semer ces deux plantes ensemble, en mélangeant la graine par moitié. L'essai a été fait sur 20 ares de terrain. La récolte était beaucoup plus touffue que dans les sillons voisins, où on avait semé à part de la moutarde blanche et de la cameline. Les plantes grainèrent parfaitement bien, la maturité des deux espèces eut lieu en même temps, et le produit en graine fut de 3,60 hectolitres, soit par hectare 18 hectolitres. Les plantes étaient tellement touffues, à cause de la vigueur de leur végétation, que je craignais pour le trèfle que j'y avais semé. Il était en effet un peu plus faible qu'ailleurs au moment de la récolte des graines à l'huile; mais il a fort bien repris et il est devenu aussi beau que les autres.

« Le produit des deux plantes à l'huile, cultivées conjointement, s'est élevé à 18 hectolitres, tandis que celui de la cameline, semée isolément, n'a été que de 15 1/2 hectolitres.

« Cette différence est assez considérable pour me déterminer à ne jamais cultiver ces deux plantes que réunies. Quand même il arriverait que, par l'effet d'une saison plus favorable à l'une qu'à l'autre (ce que je ne crois pas possible), il se trouvât une différence de quelques jours dans la maturité, cela serait de peu d'importance, parce que ni l'une ni l'autre de ces deux plantes ne s'égrène très-facilement. Cette réunion présente du reste bien plus de chances d'une bonne récolte. »

Les tourteaux de cameline contiennent une plus forte proportion d'azote que ceux de colza ou de navette, et méritent, par conséquent, la préférence qu'on leur accorde pour fumer le sol. Ils ont, en outre, une odeur d'ail très-prononcée, à laquelle on attribue la propriété d'écarter les vers blancs.

CHAPITRE VI.

DU PAVOT.

§ 1. — Variétés.

Le pavot, généralement connu en Belgique sous le nom d'*œillette*, présente à la culture deux espèces ou variétés principales, qui sont : le pavot ordinaire à fleurs rouges ou tachées de rouge et à graines grises, et le pavot à fleurs blanches et à graines blanches. La première variété a des tiges cylindriques, rameuses, hautes de 1^{m},20 à 1^{m},50, et porte plusieurs têtes ou capsules. Chacune de ces têtes est percée latéralement à son sommet d'une ouverture par laquelle les graines s'échappent à leur maturité pour peu qu'elle soit penchée ou secouée. La seconde variété, dont les capsules sont plus grosses, a la tête fermée, se ramifie moins, et donne une huile plus délicate. On cite une troisième variété, le *pavot aveugle*, qui ne diffère de la première que par la grosseur plus considérable de ses capsules et l'absence de trous autour du disque qui le couronne. Sous ce dernier rapport, elle a le même avantage que le pavot blanc, qui est de ne pas laisser échapper ses graines.

Le pavot à graines grises, par suite sans doute de la multiplicité plus grande de ses fleurs et de ses fruits, est généralement préféré, notamment dans les Flandres, pour la production de l'huile. L'œillette à fleurs et à graines blanches, au contraire, ne se sème guère que pour les usages médicinaux. En est-elle moins propre à être cultivée pour les mêmes usages que la variété précédente, et ne pourrait-on pas en obtenir comme de celle-ci, plus que de celle-ci peut-être, des produits lucratifs? C'est une question qui nous paraît loin encore d'être jugée complétement. La grosseur de ses têtes, d'où les graines ne peuvent s'échapper avant ni après la récolte, la saveur évidemment plus douce de ces mêmes graines qui semblerait promettre une huile de qualité supérieure, n'ont peut-être pas été prises jusqu'ici assez sérieusement en considération, et il est permis de croire que des essais comparatifs restent encore à faire.

§ 2. — Terrain et engrais.

Le terrain le plus favorable à la culture du pavot est celui qui tient le milieu entre l'argile et le sable, et qu'on désigne sous le nom de *sol léger, doux et meuble*. Plus la couche arable est substantielle, plus on a de raisons, à chances égales, de compter sur des succès. Ainsi le pavot viendra bien dans un champ amélioré par des engrais consommés, ou à la suite de plantes de familles différentes de celle à laquelle il appartient, par exemple après les céréales. Cette oléifère succède aussi fort avantageusement au chanvre et aux pommes de terre, lorsque ces cultures ont été bien traitées et qu'elles laissent le sol propre. Enfin, on la place encore, avec de l'engrais, après des navets obtenus en récolte dérobée sur des chaumès de seigle, de froment ou de colza, et on l'utilise avec fruit pour remplacer toutes les productions qui ont été détruites par l'hiver. Un autre avantage de sa culture, c'est qu'elle forme une excellente préparation pour les céréales d'hiver et surtout pour le froment, qui vient aussi bien après elle qu'après le trèfle ou les féveroles.

Le sol destiné à recevoir une semaille de pavots doit être copieusement engraissé, soit que la fumure ait été enterrée pour cette récolte, soit qu'on en ait disposé pour une culture antérieure. Il est également essentiel que la couche arable soit ameublie jusqu'à une certaine profondeur, afin que les racines de la plante puissent s'y étendre selon leur convenance. Les labours s'effectuent, suivant les localités, d'après différentes méthodes, mais peu d'entre elles méritent d'être recommandées; la meilleure, selon nous, pour les terres légères qui se ressuient de bonne heure au printemps, est celle qui consiste à pratiquer avant l'hiver un défoncement de 8 à 9 pouces. Le fumier s'applique alors aux premiers jours de février ou de mars, et s'enterre immédiatement après par un labour de 4 à 5 pouces, sur lequel se répand la semence. Quand le sol est plus consistant, et par cette raison plus difficile à sécher à la sortie de l'hiver, il est prudent de suivre un système moins chanceux. Dans ce cas, le mieux est de pratiquer le labour profond dans le courant du mois d'octobre et d'enterrer le fumier par un trait de charrue donné superficiellement en novembre. La terre reste ainsi *sur labour* pendant tout l'hiver, et ne reçoit plus que des cultures à l'extirpateur ou à la herse avant d'être ensemencée. Lorsqu'on opère sur un sol riche, fumé pour une récolte précédente et qui ne réclame plus de nouveaux engrais, il est avantageux de ne donner qu'un seul labour en automne, sauf à compléter l'opération à l'époque des semailles par quelques hersages énergiques. De cette manière, la couche arable se dépouille plus tôt de son humidité à la sortie de la mauvaise saison, et comme le pavot demande à être semé de bonne heure, on remplit ainsi, en accélérant les travaux, une des conditions les plus nécessaires à son succès.

On a fait, au sujet de la culture du pavot, une objection à laquelle nous devons un mot de réponse : on a prétendu qu'elle effritait, qu'elle appauvrissait la terre. Cet argument n'en est pas un pour les cultivateurs éclairés, qui, sachant qu'on peut, par des engrais et des assolements bien combinés, tenir le terrain en état de donner des productions, feront entrer le pavot dans leurs rotations et le remplaceront par des plantes à racines traçantes. Dans les provinces flamandes, cette oléagineuse succède souvent à une plante épuisante et en précède une autre. Les labours, hersages et binages, qu'on est obligé d'employer, sont d'un avantage inappréciable pour améliorer le terrain.

§ 3. — Semis et culture pendant la végétation.

De toutes les plantes oléagineuses connues en Belgique, le pavot est peut-être celle pour laquelle la netteté de la terre est la plus nécessaire. C'est là un inconvénient d'autant plus grave que les semis à la volée ont toujours dû avoir jusqu'ici le privilége d'être pratiqués exclusivement. L'emploi du semoir pour la culture du pavot en rayons présente, en effet, des difficultés qu'on n'est point parvenu encore à surmonter. La plus grande est celle qui résulte de l'extrême finesse de la graine, pour laquelle il est très-difficile de construire un instrument propre à la répandre avec égalité et en assez petite quantité, puisque trois kilogrammes suffisent à l'ensemencement d'un hectare à la volée. Or, par la culture en ligne, cette proportion devrait encore être réduite de moitié, ce qui n'est guère possible dans l'état où se trouve la disposition de nos semoirs. Le travail de cet instrument devant s'exécuter dans un petit sillon tracé, soit par la machine même, soit par le rayonneur, il est d'ailleurs fort difficile de donner à ces sillons assez peu de profondeur pour qu'on ne risque pas que la graine soit trop profondément enterrée.

La culture à la volée, avec les frais de main-d'œuvre considérable qu'elle entraîne, a donc été maintenue en vigueur, et c'est probablement à cette cause qu'il faut attribuer le peu d'extension donné à la production du pavot. Si même on était parvenu, par un moyen quelconque, à répandre la graine en rayons d'une manière uniforme et économique, on n'en eût guère été plus avancé, car la houe à cheval ordinaire ne pouvant fonctionner que dans les allées de 50 à 55 centimètres, la distance de 36 centimètres à laisser entrer chaque ligne de pavots n'eût pas permis le passage de cette machine, et l'on se fût trouvé obligé, comme précédemment, d'exécuter les sarclages au moyen d'instruments à main. On peut donc dire que le plantoir mécanique qui enterre à distance toute espèce de graine, et la houe multiple, dont l'emploi est même possible entre des lignes qui ne sont séparées entre elles que par une distance de 30 centimètres, sont appelés à rendre ici d'immenses services à l'agriculture.

Quoi qu'il en soit, et malgré le peu d'avantages que semble offrir la culture du pavot à la volée partout où les bras ne sont pas abondants, nous croyons cependant devoir indiquer les divers moyens à l'aide desquels on parvient à assurer le succès de cette pratique; nous énumérerons ensuite les conditions nécessaires à la réussite du nouveau système.

L'époque la plus favorable aux semis varie suivant l'état du sol. Plus tôt on enfouit la graine après l'hiver, mieux cela vaut. On conçoit cependant que la couche arable doit être suffisamment ressuyée pour permettre les travaux de hersage et de roulage exigés par la bonne culture. En Flandre, on sème au mois de mars, quelquefois pour remplacer un colza qui a souffert des gelées, mais le plus souvent comme récolte principale et préméditée. On attache généralement une si grande importance aux semis précoces, qu'il n'est pas rare de voir répandre la graine sur la neige, pour la faire enterrer d'elle-même par la fonte. Il n'y a pas de méthode plus simple, sans doute; mais on n'en trouve pas non plus qui présente, selon nous, plus de chances d'insuccès.

L'ensemencement du pavot se fait ordinairement comme celui du trèfle ou de la luzerne, c'est-à-dire qu'on prend avec trois doigts une certaine quantité de graine pour la jeter en avant. Toutefois, comme la semence est d'une extrême finesse et qu'il est très-difficile de ne pas en répandre une trop forte quantité, on trouve avantageux de la mêler prélalablement à une partie de sable ou de terre sèche réduite en poudre et à deux parties de sciure de bois. Le terrain à emblaver doit être préparé avec les mêmes soins que pour les autres oléagineuses ; mais on ameublit autant que possible la surface de la terre par des hersages et des roulages répétés. Quand la graine est semée, on la recouvre soit par un dernier coup de rouleau, soit au moyen d'une herse légère qu'on fait marcher à rebours.

Dès que les jeunes plantes ont atteint une hauteur de 6 centimètres, on les sarcle avec la binette et on les éclaircit, en maintenant entre celles qu'on laisse une distance d'environ 27 centimètres. On donne un second binage quand les tiges commencent à s'élever. Assez communément deux sarclages suffisent; quelquefois on en donne un de plus, ce qui augmente sensiblement la dépense, quoique le dernier ne soit jamais aussi dispendieux qu'aucun des deux autres.

Quand on fait usage du plantoir mécanique, le semis prend une autre disposition. Le champ dont la surface se trouve bien ameublie est d'abord rayonné en long et en large de manière à présenter des rayons distants de 35 centimètres les uns des autres dans un sens et de 20 centimètres dans l'autre. On forme ensuite à chaque point d'intersection une légère excavation au moyen de l'*emporte-pièce* et l'on y dépose la semence, soit seule, soit avec un engrais pulvérulent, en se servant du plantoir comme il a été dit au paragraphe qui traite des semis de colza.

Les graines se trouvent ainsi par groupe de cinq ou six à la distance convenable, et la seule main-d'œuvre qui soit nécessaire après la levée des plantes se borne à l'arrachement des pieds superflus dans chaque groupe, opération aussi simple qu'économique et expéditive. Voici du reste l'ordre dans lequel on doit procéder : aussitôt que la végétation a pris deux feuilles et qu'on aperçoit distinctement les lignes, on fait passer une première fois la houe multiple, armée de ses couteaux, du côté où l'espace réservé entre chaque rayon présente le plus de surface. Cette opération a pour but de détruire les mauvaises herbes dont le champ est couvert, et d'ameublir en même temps la surface du sol, que les pluies du printemps peuvent avoir tassée après la semaille. On laisse la terre dans cet état jusqu'à ce que les plantes aient acquis quatre à cinq feuilles : c'est le moment alors d'éclaircir la récolte. Deux ou trois jours après cette opération, on donne un second binage à la houe, afin de tenir toujours la terre parfaitement meuble et très-bien nettoyée. Enfin lorsque les tiges ont une tendance à s'élever, on fait passer une troisième et dernière fois l'instrument après avoir substitué les socs aux couteaux ou aux dents, et l'on pratique ainsi un léger buttage, qui a pour résultat non-seulement d'exercer une heureuse influence sur la végétation, mais encore de raffermir la plante et de la mettre en état de résister aux intempéries de l'air.

Tels sont les moyens que nous voudrions voir mettre en pratique pour augmenter la richesse des récoltes de pavots dans la grande comme dans la petite culture. On peut se convaincre qu'ils ne sont ni compliqués, ni dispendieux, et si l'on avait besoin d'autres éléments de sécurité, nous dirions que la méthode nouvelle, par la facilité et la célérité de son exécution, est à la portée de tous les cultivateurs indistinctement.

§ 4. — Récolte et rendement.

Lorsque les capsules et les tiges du pavot sont blondes et jaunâtres, et qu'il commence à se former des ouvertures au-dessus de la couronne, ce sont des indices de la maturité de la graine et de la nécessité de s'occuper de la récolte. Il y a deux manières de procéder : l'une consiste à faire passer entre les planches ou entre les lignes deux hommes qui tiennent d'une main un petit baquet, et de l'autre saisissent chaque tige à son tour : ils secouent ainsi la graine mûre et la font tomber dans les baquets. Trois ou quatre jours après, ils répètent ce travail; ils arrachent alors les pieds et les réunissent en petits fagots, qu'ils laissent debout afin que le reste de la graine mûrisse et sèche; quatre ou cinq jours plus tard, ce reste de graine est secoué et déposé dans le grenier. Pour une petite exploitation, cette méthode suffirait; l'autre est de beaucoup préférable pour une grande; la voici : on arrache les tiges à la main et on les lie au-dessous de la tête et sans les incliner, en petites bottes. On appuie ces bottes les unes contre les autres, de manière à en faire un faisceau auquel on donne un peu de pied pour qu'il ait de la stabilité. On peut alors commencer à cultiver le champ pour la récolte qui doit suivre, en attendant la maturité complète des graines, qui s'achève dans les capsules.

Qnand le moment est venu, on porte les bottes une à une sur une toile où on les renverse et où on les bat; on sépare ensuite les graines des débris de la capsule au moyen du van ou du tarare. D'autres fois on se borne à secouer les bottes sur la toile en les frappant les unes contre les autres; on obtient ainsi toutes les graines sans briser les capsules, quand la maturité est complète.

Toutes ces précautions minutieuses sont nécessaires pour la récolte des pavots gris dont la semence s'échappe si facilement; mais quand on opère sur des pavots blancs, on se borne simplement à arracher les plantes, à les réunir en faisceau pour les laisser sécher, et à les transporter ensuite dans la grange ou s'opère le battage au fléau, puis le vannage.

Le rendement de la graine de pavots, à la manière dont cette plante est cultivée aujourd'hui, ne peut guère être estimé à plus de 15 ou 16 hectolitres par hectare. A l'aide de soins plus intelligents et de procédés mieux en harmonie avec nos connaissances actuelles, le chiffre de 18 à 19 hectolitres se présenterait assez fréquemment dans les bonnes terres et constituerait ce qu'on est convenu d'appeler une bonne récolte ordinaire. Enfin, si l'on employait rigoureusement les moyens dont il est question dans le cours de ce traité, nous ne doutons pas qu'il soit possible d'arriver chaque année à une production de 22 hectolitres par hectare.

La graine de pavot ayant une valeur vénale d'environ 25 francs l'hectolitre, il s'ensuit qu'en comptant sur un rendement moyen de 19 hectolitres par hectare, on obtiendrait sur une surface de cette étendue des produits équivalant à une somme de 475 francs. A ce compte, l'œillette égalerait en importance le colza d'hiver et pourrait être cultivée très-avantageusement dans les sols de consistance moyenne, même légère, partout enfin où cette dernière plante ne semble prospérer que médiocrement.

Le grand ennemi du pavot est la souris des champs, qui ronge les tiges vertes et détruit les têtes. Les oiseaux pillent aussi une grande partie de la graine. Cette graine peut se conserver très-longtemps, pourvu qu'elle soit bien aérée et parfaitement pure de tout corps étranger; il en est de même de l'huile, qu'on peut tenir longtemps bonne, si l'on a la précaution de la placer en lieu frais et de ne pas l'agiter. On croit cependant que pour l'avoir toujours meilleure, il vaut mieux ne faire piler qu'une certaine quantité de graine à la fois, à mesure des besoins. Lorsqu'on se sert de moulins à l'usage du colza ou de la navette, il importe également que ces objets soient parfaitement nettoyés pour faire l'huile de pavot. Cette huile, qu'il serait déraisonnable de comparer à celle d'olive, est cependant douce, saine, d'une saveur agréable; aussi s'en fait-il en Belgique une consommation assez considérable.

Les tourteaux conviennent très-bien à l'engraissement des porcs et sont d'une haute importance, à cause de leur richesse en azote, pour la fertilisation des terres. Dans les contrées où le bois est rare, les racines, les tiges ou pailles et les capsules vides sont ménagées et mises en fagots pour être employées au chauffage des fours; elles ont ce genre d'utilité et celui de donner à leur cendre une qualité qui la rend précieuse pour les lessives et pour l'amendement du sol.

CHAPITRE VII.

DU MADIA.

§ 1. — Observations préliminaires.

Quoique la production du *madia* n'ait jamais été très-étendue dans notre pays, on peut dire qu'elle tend encore chaque jour à se resserrer. Cette indifférence à l'égard d'une plante qu'on avait annoncée, il y a quelques années, comme une merveille pour la grande culture, tient à ce que la pratique semble avoir reconnu en elle plus de défauts que de qualités. Un des principaux inconvénients du madia, c'est qu'il renferme une espèce de résine visqueuse, d'une odeur très-désagréable, et qui souille pour longtemps les mains et les habits des ouvriers chargés des travaux de sarclage et de récolte. L'huile elle-même, qui est d'ailleurs de bonne qualité si on lave les graines à l'eau chaude avant sa fabrication, contracte le goût de cette exsudation et une âcreté qui l'exclut de la consommation quand on n'a pas fait subir aux graines ce lavage préalable. Le second inconvénient que présente cette plante, c'est d'être plus épuisante que beaucoup d'autres oléagineuses, quoique moins productive sous le rapport du rendement en graine. Cette particularité surprenante, étrange même pour ceux qui savent se rendre compte des mystères de la physiologie végétale, tient probablement à ce que les tiges du madia sont plus riches en azote que la paille du colza, de la navette et de la cameline. On peut donc conclure de ce qui précède que ce végétal est loin d'avoir l'importance qu'on lui a assignée quand il s'est agi de le faire adopter par les cultivateurs belges; l'expérience a constaté, au contraire, qu'il ne convient nullement aux contrées où le sol est de bonne qualité, et que dans ce cas il importe de le repousser comme une engeance maudite : à d'autres, dès lors, le soin d'en prendre la défense!

§ 2. — Terrain, engrais et culture.

Ce que nous venons de dire des défauts du madia ne doit point nous empêcher cependant d'énumérer ses qualités. Ainsi, il faut lui rendre cette justice qu'il constitue la plante à l'huile des pays et des terrains secs; or, dans certains cas, cette propriété en vaut bien une autre, alors surtout que les conditions où se trouvent le sol et le climat ne s'harmonisent pas avec des espèces huileuses plus productives.

Une circonstance assez singulière et qui mérite d'être signalée, c'est qu'en général, lorsqu'on opère sur un fonds d'une certaine fécondité, le produit en graine du madia est en raison inverse du développement de la tige. Sa végétation devient puissante dans les années humides, et c'est alors qu'elle donne de faibles récoltes.

Les engrais dont on gratifie le colza, la navette, etc., sont généralement ceux qui conviennent au madia; la seule différence qui existe entre ces plantes, c'est que cette dernière semble pouvoir prospérer là où les autres resteraient chétives : on ne peut expliquer cette faculté qu'en attribuant au madia le mérite d'attirer plus facilement à lui les matières fertilisantes disséminées dans la couche de terre arable. La culture qu'exige ce végétal est celle de toutes les plantes de printemps. Le semis ne doit pas être trop précoce, car à défaut de cette précaution, le développement de la végétation est si grand qu'il naît sans cesse sur la tige des capitules nouveaux (assemblage de fleurs et de fruits très-rapprochés) qui nuisent à la maturation des meilleures graines.

On espace les lignes à 40 ou 45 centimètres, et les plantes à 15 ou 18 centimètres dans les lignes. La quantité de graines à employer est alors de 2 kilogrammes par hectare. Si l'on semait à la volée, il faudrait 12 à 15 kilogrammes de semences; mais on serait obligé d'éclaircir ensuite pour mettre les plants à la distance de 18 centimètres en tout sens. Aucun insecte n'attaque le madia; il ne souffre pas la transplantation. On bine deux fois au moins pour maintenir la netteté du terrain.

La maturité se reconnaît à la teinte grisâtre que prennent les semences. Comme elles s'égrènent peu, on attend la maturité des têtes secondaires pour commencer la récolte; mais alors on a soin de récolter le matin à la rosée pour que les graines très-mûres ne se détachent pas par le mouvement. On arrache les plantes, parce que les tiges sont trop dures pour être coupées sans de vives secousses, et on bat au fléau. Il faut un ventilateur assez fort pour détacher les graines des paillettes qui y adhèrent fortement à cause de leur viscosité.

Le rendement de la graine du madia varie, selon le climat et la richesse du sol, entre 1,000 et 2,500 kilogr. par hectare. Avec une récolte de 1,500 kilogr. on obtiendrait environ 405 kilogr.

d'huile correspondant à une valeur de 405 francs, mais il est douteux qu'on puisse débiter ce produit sur nos marchés.

Les tiges du madia ont une grande importance comme engrais, à cause de leur richesse en azote; on leur assigne une valeur de 2 francs les 100 kilogr. pour cet usage, mais leur dureté oblige de les faire fermenter en tas avant de s'en servir.

CHAPITRE VIII.

CONCLUSION.

Nous devons maintenant résumer ici, avant de finir, les principes qui ont été exposés, ou, pour être plus clair, tirer la conséquence des faits qui ont été établis dans le cours de cet opuscule. Si l'on a suivi attentivement les considérations auxquelles nous nous sommes livré en parlant des diverses productions qui font l'objet de ce petit travail, on a dû être frappé de deux choses : la première, c'est que les plantes oléagineuses sont d'un grand secours dans une exploitation rurale et offrent d'immenses ressources aux cultivateurs qui savent les traiter d'une manière rationnelle; la seconde, c'est que la culture de ces végétaux, loin d'être arrivée à son plus haut point de perfection, est au contraire susceptible, sous certains rapports, de subir des modifications extrêmement avantageuses.

Le lecteur a pu remarquer, en effet, que la plupart

des plantes oléifères, lorsqu'elles sont placées dans les conditions voulues, donnent un rendement au moins égal, sinon supérieur, aux céréales les plus productives. Peut-être, cependant, cette opinion n'est-elle admise que sous bénéfice d'inventaire ou seulement par un très-petit nombre de praticiens. Nous devons donc compléter la démonstration par un calcul basé, non pas sur des principes, mais sur des faits positifs : nous ne saurions mieux atteindre ce but qu'en mettant en parallèle la céréale la plus avantageuse avec la plante oléagineuse la plus productive, c'est-à-dire le froment avec le colza.

Que coûte et que rapporte un hectare de terre emblavé en froment? que coûte et que rapporte la même surface de terrain ensemencée en colza? Là est toute la question. Relativement au labour et à la fumure, les frais sont à peu près les mêmes de part et d'autre, de sorte qu'il est inutile d'en tenir compte. Il reste pour le froment les frais de semences, et pour le colza les dépenses exigées pour la formation de la pépinière et pour la transplantation.

L'ensemencement du froment à la volée ne peut se faire à moins de 175 litres de graine par hectare; or, en estimant le prix de cette céréale à 19 francs l'hectolitre (1), il résulte de ce chef une dépeuse de 33 fr. 25 c.

Pour former la pépinière nécessaire à la transplantation d'un hectare de colza, et pour arracher, transporter et replacer les pieds à demeure, on compte qu'une somme de 35 francs peut facilement couvrir les frais de main-d'œuvre ainsi que la dépense occasionnée par la perte du terrain et des engrais qu'a exigés le semis. L'avantage reste donc du côté de la

(1) C'était le taux ordinaire avant la baisse des denrées agricoles.

céréale, mais dans une proportion insignifiante.

Il n'en est pas tout à fait de même, comme on va le voir, à l'égard du produit brut. Si l'on porte à 20 hectolitres le rendement d'un hectare de froment bien fumé, on trouve que ce grain, en lui assignant comme ci-dessus une valeur moyenne de 19 fr. l'hectolitre, donne une somme globale de 380 fr. Que produira maintenant une surface de même étendue plantée en colza et placée dans des conditions identiques sous le rapport du sol et des engrais? 22 hectolitres au moins, lesquels, estimés à 24 fr. (1), portent le rendement brut au chiffre de 528 fr. C'est une différence de 148 fr. en faveur du colza, soit, en déduisant le déficit constaté plus haut, un profit net de 146 fr. équivalant à une fois et demie le prix de location des terres de première qualité. A cet avantage vient s'en joindre un autre tout aussi important : celui qui résulte des cultures intercalaires ou dérobées dont nous aurons l'occasion de parler plus loin.

Arrivé aux perfectionnements qui peuvent être introduits dans la culture des plantes oléagineuses, nous devons rappeler en quelques mots les faits sur lesquels ils se fondent. On sait d'abord, pour ce qui concerne particulièrement le colza d'hiver, que dans la plupart des circonstances cette plante se met en pépinière pour être replacée ensuite à demeure où elle achève sa croissance. Quant au colza d'été, à la navette, à la cameline, etc., on les sème généralement à la volée sur le terrain même où ils doivent accomplir leur maturité, et on ne leur accorde pas d'autres soins pendant la végétation que de mettre les pieds à distance quelque temps après la levée. Or, un système nouveau, appuyé sur l'expérience, vient d'être substi-

(1) C'était le taux ordinaire avant la baisse des denrées agricoles.

tué au mode ancien avec le plus grand succès. Ce système, qui consiste à répandre les graines en lignes au moyen du plantoir mécanique, et à disposer autour de la plante une légère dose d'engrais pulvérulents actifs, a pour but non-seulement de faciliter les sarclages, les binages et les buttages, mais encore de permettre d'en augmenter le nombre sans consacrer de grands frais à ces opérations et d'augmenter sensiblement la production des graines sur une étendue de terre donnée. A vrai dire, cette pratique n'est applicable au colza d'hiver que dans les cas assez rares où il est possible de le semer à demeure en le faisant succéder à une plante récoltée de bonne heure en été; mais pour le colza d'été, la navette et le pavot, elle est supérieure à toutes les autres et peut être considérée comme la plus parfaite qui soit connue jusqu'ici. Comme preuve de conviction nous citerons un exemple concluant. Il s'agit d'une expérience comparative faite sur la culture du colza par transplantation et sur la culture de la même plante par voie de semis. L'essai a eu lieu dans la province du Hainaut, sur une terre appartenant à M. Lefebvre. Quoique l'année fût peu favorable à la production des graines, le rendement obtenu s'est élevé à 28 1/2 hectolitres à l'hectare. Les lignes se trouvaient placées à différentes distances, depuis 30 jusqu'à 46 centimètres : les plus larges ont donné dans la proportion de 32 hectolitres à l'hectare. Ce colza, placé sur un terrain engraissé avec du fumier de basse-cour; a été semé en partie avec guano, en partie avec tourteaux à la faible dose de 100 kilogrammes du premier et du 150 kilogrammes des seconds par hectare. La croissance a été en outre activée par des sarclages, binages et buttages, pratiqués avant l'hiver au moyen de la houe multiple. Comparée aux plus beaux champs de

colza du voisinage, la terre semée en lignes avec le plantoir mécanique leur a été supérieure d'un quart et d'un cinquième suivant la plus ou moins grande distance des rayons. Ces résultats prodigieux, dont nous pourrions multiplier les exemples, nous dispensent de toute réflexion ultérieure, et feront comprendre jusqu'où s'étend l'importance du perfectionnement apporté dans la production des végétaux oléifères.

Il nous reste à entretenir le lecteur d'une nouvelle série d'avantages dont il a été peu question jusqu'ici en Belgique et auxquels se prête à souhait la culture des plantes oléagineuses en lignes : nous voulons parler du système des récoltes doubles, généralement connu sous les noms de cultures *intercalaires* ou *dérobées*. Ce système, dont le but consiste à tirer deux produits différents du même sol et dans la même année, a pour effet, non-seulement d'utiliser promptement le capital d'engrais enfoui en terre et d'empêcher ainsi la déperdition des substances actives de la végétation, mais encore de réduire de moitié le prix de location de la terre, en faisant porter la rente sur deux récoltes au lieu de l'imputer à une seule. La culture des navets de chaume semés après seigle ou après orge, telle qu'on la pratique dans la plupart de nos provinces, les semis de carottes effectués dans les champs déjà emblavés d'autres végétaux, comme on les voit en Flandre, fournissent d'ailleurs à cet égard des données précises qui nous permettent de passer sous silence les faits relatifs soit au but, soit à l'opportunité de l'innovation. Il est donc inutile que nous nous arrêtions à ces généralités, d'autant plus que nous devons fournir sur le même sujet certains détails indispensables à la connaissance exacte des procédés dont nous avons entrepris la description.

Revenant à notre point de départ, nous dirons que dans la production du colza d'hiver il est toujours possible, quel que soit le mode de semis ou de culture en usage, d'obtenir une récolte dérobée après l'enlèvement de la récolte principale. La coupe du colza ayant lieu à la fin de juin ou au commencement de juillet, on a effectivement devant soi, en labourant et en hersant la terre immédiatement après que celle-ci est dépouillée, tout le temps nécessaire pour préparer le sol à recevoir vers le milieu de juillet une plantation de betteraves. Seulement, pour opérer avec certitude de succès, il est indispensable que l'on procède par voie de repiquage, en transplantant à demeure et à distance voulue les pieds que l'on arrache d'une pépinière formée à l'avance dans cette intention.

Supposons, par exemple, que l'on veuille tirer une récolte supplémentaire de betteraves d'un champ emblavé de colza; quelles seraient les règles à suivre dans cette occurrence? Les voici : on sème d'abord, du 15 au 30 mai, sur une parcelle de terrain bien fumée, de la graine de betteraves dans la proportion de dix kilogrammes par hectare. Dix ou quinze jours après la levée du semis, les jeunes plantes sont sarclées, puis éclaircies de manière qu'il y ait entre chacune d'elles un espace de dix centimètres en tous sens. D'autre part, le champ qui a produit du colza reçoit immédiatement après la récolte un labour profond, ainsi que les hersages et les roulages nécessaires à la préparation du sol. Ces dispositions terminées, on enlève les betteraves de la pépinière, en ayant soin de les arracher avec précaution, et on les repique en lignes, à l'aide de la charrue ou du plantoir à main, sur la place même où elles doivent achever leur croissance. Ces lignes étant distancées de 50 centimètres les unes des autres, on laisse dans le rayon un espace de 25 centimètres entre chaque plante. Enfin, quand on aperçoit que la végétation a repris de la vie, on fait passer entre les lignes la houe à cheval, ou mieux, la houe multiple armée de ses couteaux, afin de détruire les mauvaises herbes et d'ameublir la surface. Quinze jours après, on donne un second binage et l'on termine en buttant les plantes par une substitution des socs aux couteaux (1).

Maintenant, quelle doit être l'étendue de la pépinière relativement à celle qu'il s'agit de planter? Si l'on s'en tient à la distance de 10 centimètres que nous avons indiquée pour la pépinière, et que l'on conserve entre chaque pied, sur le terrain où se fait la transplantation, un espace de 50 centimètres dans un sens et de 25 centimètres dans l'autre, 8 ares de pépinière doivent suffire à la plantation d'un hectare en plein champ. Cette proportion s'établit d'ailleurs d'une manière fort simple : on l'obtient en calculant la quantité de plantes que peut contenir de part et d'autre un mètre carré de surface, et en divisant ensuite l'un des membres par l'autre.

La culture des betteraves en récolte dérobée, après colza, par le système de la transplantation, ne nous semble pas rentrer dans la catégorie des faits qui exigent de longs développements pour être appréciés à leur juste valeur. La connaissance des éléments sur lesquels se fonde cette méthode peut déjà, à elle seule, donner la mesure des résultats qui suivent son application. Au reste, il s'agit moins ici d'une découverte que d'un procédé basé sur l'expérience, car

(1) La collection à la fois si riche et si variée de la *Bibliothèque rurale* renferme un manuel intitulé : *De la culture des plantes-racines*, dans lequel on trouve des données aussi utiles qu'intéressantes sur la production des betteraves par transplantation. Nous renvoyons à cet ouvrage ceux de nos lecteurs qui désirent avoir des détails plus complets et plus circonstanciés.

depuis plusieurs années déjà on suit dans quelques localités privilégiées de la Flandre un mode analogue avec le plus grand succès. Les produits qu'on y obtient ainsi en récolte supplémentaire sont parfois si considérables qu'ils équivalent aux deux tiers et même aux trois quarts du rendement obtenu d'une récolte principale. A tout prendre, cependant, on ne doit guère compter sur un rendement supérieur à 25,000 ou 30,000 kilogrammes de racines à l'hectare, mais ce résultat, fût-il même considéré comme un maximum peu ordinaire dans la pratique, est encore assez beau pour éveiller l'attention des esprits sérieux et sincèrement amis de la prospérité agricole.

Lorsque les plantes oléagineuses cultivées dans l'exploitation appartiennent aux variétés de printemps, telles que colza d'été, navette et cameline, la première règle à suivre pour rendre possible la production des récoltes dérobées consiste, comme nous l'avons dit, à adopter de part et d'autre le mode de semis en rayons. Ces dernières récoltes devant être semées à demeure au lieu de subir l'opération du repiquage, il faut aussi que l'on substitue à la betterave comme plante supplémentaire un végétal de nature différente et qui sache s'accommoder des conditions nouvelles où on le place. Sous ce rapport, la carotte blanche à collet vert est d'un grand secours; non-seulement elle peut être semée à une époque plus avancée, mais elle supporte encore sans difficulté l'ombrage de la production principale et possède la propriété précieuse de résister à la sécheresse, à l'humidité et aux mille accidents qu'éprouvent pendant leur croissance la plupart des autres racines.

Le colza d'été, la navette ou la cameline étant disposés en rayons, on pratique donc, avant et après l'espacement, au moyen de la houe à cheval ou de la houe multiple, les sarclages et binages exigés par la végétation. Dès que la dernière de ces opérations est terminée, on procède à l'ensemencement de la récolte dérobée. Si la carotte est la plante choisie, on répand la graine, soit avec le semoir, soit avec le plantoir mécanique, en ayant soin de la déposer de manière qu'elle se trouve exactement au milieu de l'espace réservé entre chacune des lignes formées par les plantes oléagineuses. Arrivé à l'époque où doit se faire la coupe du colza, de la navette, etc., on arrache ces produits au lieu de les soumettre à l'action de la faucille, et l'on extrait ainsi de la couche arable une masse de racines ligneuses qui mettraient obstacle au nettoiement de la terre. Immédiatement après que le champ est dépouillé, on espace les jeunes carottes qui ont alors dix à quinze centimètres de hauteur, et l'on ne tarde pas à faire passer la houe entre les lignes, à la place même qui était occupée précédemment par les rayons de la récolte enlevée. On répète ces sarclages à deux ou trois reprises, suivant la plus ou moins grande propreté de la surface, et l'on termine par un buttage.

Il serait difficile de déterminer avec exactitude les produits que peut donner une emblavure de carottes ainsi intercalée dans la récolte principale; les résultats de ce genre de culture dépendent de circonstances trop nombreuses et trop variées pour qu'il soit possible d'en préciser la véritable importance. Cependant, si la production supplémentaire a été soumise aux règles prescrites par la bonne pratique, on ne peut en estimer le rendement à moins de 15,000 kilogrammes par hectare. Or, au taux où se compte la carotte comme substance nutritive dans l'alimentation des chevaux et du bétail à cornes, on trouve que,

250 kilogrammes de ce produit équivalant à 100kilogrammes de bon foin de prairie naturelle, la quantité de racines obtenue en seconde récolte possède une valeur de plus de 300 francs par hectare !

On le voit : la culture des plantes oléagineuses, malgré les nombreux avantages qu'elle offre déjà aujourd'hui, peut recevoir encore de notables et fructueuses améliorations. Ainsi qu'on a pu s'en convaincre, ces améliorations ne sont ni difficiles ni dispendieuses. De la méthode, des soins, de l'activité et quelques instruments nouveaux peu coûteux, voilà les seuls éléments sur lesquels se basent le succès et la réussite des perfectionnements qui ont été décrits dans ce petit traité. Nous ne croyons pas devoir nous appesantir davantage sur ces détails : si le progrès que nous venons de signaler est sérieux, durable et susceptible d'une prompte réalisation, ce dont on ne peut douter en présence des faits constatés par l'expérience, l'agriculture saura s'en saisir, comme elle a su s'emparer de tout ce que la science et la pratique réunies ont jugé utile à son développement.

FIN.

TABLE DES MATIÈRES.

BIBLIOTHÈQUE RURALE,

INSTITUÉE PAR ARRÊTÉ ROYAL DU 15 SEPTEMBRE 1848.

EN VENTE :

ANNUAIRE AGRICOLE. Un vol.	Prix : 1 fr. 25 cent.
MANUEL DE CULTURE. Un vol.	80 cent.
EMPLOI DE LA CHAUX EN AGRICULTURE. Un vol.	20 cent.
MANUEL DE COMPTABILITÉ AGRICOLE. Un vol.	40 cent.
MANUEL THÉORIQUE ET PRATIQUE D'ARBORICULTURE, 2 vol. avec 205 planches gravées.	1 fr. 55 cent.
MANUEL DE DRAINAGE. Un vol. avec 88 pl. gravées.	1 fr. 10 cent.
MANUEL DE CHIMIE AGRICOLE. Un vol. avec pl. gravées.	1 fr. 25 cent.
MANUEL D'IRRIGATION. Un vol. avec 100 pl. gravées.	60 cent.
CHOIX DES VACHES LAITIÈRES. Un vol. avec planches.	40 cent.
MANUEL DU MARÉCHAL FERRANT. Un vol.	30 cent.
MANUEL D'HYGIÈNE. Un vol. avec planches.	75 cent.
MANUEL FORESTIER. Un vol. avec planches.	50 cent.
TRAITÉ ÉLÉMENTAIRE DES ENGRAIS ET AMENDEMENTS. Un vol. avec planches.	55 cent.
TRAITÉ DES INSTRUMENTS D'AGRICULTURE. Un vol. avec planches.	90 cent.
DE LA CULTURE DES PLANTES OLÉAGINEUSES. Un vol. avec pl.	35 cent.
MANUEL DE MÉDECINE VÉTÉRINAIRE. Un vol. avec pl. (1re partie).	35 cent.

SOUS PRESSE :

MANUEL DE CULTURE MARAICHÈRE. Un vol.
MANUEL DE CULTURE DE LA VIGNE. Un vol.

En vente chez le même éditeur :

COURS D'ÉCONOMIE RURALE. 2 vol. avec planches. 4 fr.

LE MONITEUR DES CAMPAGNES,

Revue des progrès agricoles,

Publié sous la direction de M. MAX. LE DOCTE, ancien cultivateur, avec la collaboration de plusieurs propriétaires, cultivateurs, économistes, professeurs d'agriculture, vétérinaires, etc.

CONDITIONS DE SOUSCRIPTION :

Le journal paraît le 1er et le 15 de chaque mois par cahiers de 24 à 32 pages grand in-8o à deux colonnes.

Il publie tout ce qui paraît d'important pour les diverses branches d'industrie agricole. Chaque livraison indique les prix de vente des céréales dans tous les principaux marchés.

Le prix de l'abonnement est de 10 FR. par année pour la Belgique, franc de port à domicile.

www.ingramcontent.com/pod-product-compliance
Ingram Content Group UK Ltd.
Pitfield, Milton Keynes, MK11 3LW, UK
UKHW020338180726
13839UKWH00002B/788